新形态活页教材

电工技能与实训

DIANGONG JINENG YU SHIXUN

主　编　樊新军　黄　鹏　王珊珊
副主编　魏文韬　张　舒　曾曲洋
参　编　陈　飞　武成慧　董　珊
主　审　丁官元

重庆大学出版社

内容提要

本教材由 8 个项目组成,包括电工安全基本知识、电工基本操作、室内布线及照明线路的安装、照明电路及灯具的检修、常用电工仪表的使用与维护、高压开关电器的运行与维护、低压电器的检修与维护、异步电机控制实训。8 个项目各自成一独立模块,可根据具体实训时间调整内容。教材编写过程中注重理论和实践的紧密结合,项目内容选择按照由浅入深,由易到难,循序渐进的原则,强调教材的实践性,突出内容的规范性、可操作性和启发性。教材还设计了实训考核内容和实训考核办法,促使学生重视实训教学,掌握实训知识并应用于实践。

该书既可用作电力工人职业技能培训教材,也可作为职业院校电气类专业的教学用书。

图书在版编目(CIP)数据

电工技能与实训 / 樊新军,黄鹏,王珊珊主编. --重庆:
重庆大学出版社,2021.11(2023.10 重印)
高职高专电气系列教材
ISBN 978-7-5689-3101-4

Ⅰ.①电… Ⅱ.①樊… ②黄… ③王… Ⅲ.①电工技术—高
等职业教育—教材 Ⅳ.①TM

中国版本图书馆 CIP 数据核字(2021)第 263956 号

电工技能与实训

主 编 樊新军 黄 鹏 王珊珊
副主编 魏文韬 张 舒 曾曲洋
主 审 丁官元
策划编辑:苟荟羽
责任编辑:陈 力 版式设计:苟荟羽
责任校对:谢 芳 责任印制:张 策

*

重庆大学出版社出版发行
出版人:陈晓阳
社址:重庆市沙坪坝区大学城西路 21 号
邮编:401331
电话:(023)88617190 88617185(中小学)
传真:(023)88617186 88617166
网址:http://www.cqup.com.cn
邮箱:fxk@cqup.com.cn(营销中心)
全国新华书店经销
重庆愚人科技有限公司印刷

*

开本:787mm×1092mm 1/16 印张:10.75 字数:278 千
2021 年 11 月第 1 版 2023 年 10 月第 3 次印刷
印数:6 001—9 000
ISBN 978-7-5689-3101-4 定价:42.00 元

前　言

  本教材是根据《国务院关于印发国家职业教育改革实施方案的通知》(国发〔2019〕4 号)精神,进一步推动"三教"改革,加强职业教育实训教材建设,适应电力行业职业岗位需求,培养学生实践能力和职业技能编写的实训教材。教材较好地贯彻了电力行业新的法规和操作规程,反映了当前新技术、新材料、新工艺、新方法和相应的岗位资格特点,体现了培养学生的技术应用能力和推进素质教育的要求,具有创新特色。本教材既可作为电力工人职业技能培训教材,也可作为职业院校电气类专业的教学用书。

  本教材由 8 个项目组成,包括电工安全基本知识、电工基本操作、室内布线及照明线路的安装、照明电路及灯具的检修、常用电工仪表的使用与维护、高压开关电器的运行与维护、低压电器的检修与维护、异步电机控制实训等内容。8 个项目各自成一独立模块,可根据具体实训时间调整内容。教材编写过程中注重理论和实践的紧密结合,项目内容选择按照由浅入深,由易到难,循序渐进的原则,强调教材的实践性、突出内容的规范性、可操作性和启发性。教材还设计了实训考核内容和实训考核办法,促使学生重视实训教学,掌握实训知识并应用于实践。

  本教材由三峡电力职业学院樊新军、湖北工程职业学院黄鹏、宜昌市应急管理局安全生产资格考试中心王珊珊担任主编,三峡电力职业学院魏文韬、张舒、曾曲洋担任副主编。由于时间仓促,教材中可能存在疏漏之处,恳请读者批评指正。

编　者
2021 年 9 月

目 录

项目一
电工安全基本知识

电工必须接受安全教育,在掌握电工基本安全知识和工作范围内的安全操作规程后,才能参加电工的实际操作。

电工所应掌握的具体安全操作规程因工作内容不同而不同,将在以后的各项目中分别介绍。

任务一　电工基本安全知识

1. 电工应具备的条件

①必须精神正常,身体健康。凡患有高血压、心脏病、哮喘、神经系统疾病、色盲、听力障碍及四肢功能有严重障碍者,不能从事电工工作。

②必须是应知应会考试合格者,有相关合格证书。

③必须学会和掌握触电紧急救护方法和人工呼吸方法等。

2. 电工人身安全知识

①在进行电气设备安装和维修操作时,必须严格遵守各种安全操作规程和规定,不得玩忽职守。

②操作时,要严格遵守停电操作的规定,要切实防止突然送电时的各项安全措施。如锁上闸刀,挂上"有人工作,不许合闸"的警告牌等,不准在约定时间送电。

③在邻近带电部分操作时,要保证有可靠的安全距离。

④操作前应检查工具的绝缘手柄、绝缘鞋和绝缘手套等安全用具的绝缘性能是否良好,有问题应立即更换,并作定期检查。

⑤登高工具必须安全可靠,未经登高训练的不得进行登高作业。

⑥如发现有人触电,应立即采取正确抢救措施。

3. 设备运行安全知识

①对于出现故障的电气设备、装置和线路,不能使用时,必须及时进行检修。

②必须严格按规程进行操作。合上电源时应先合隔离开关,再合负荷开关。分断电源时,操作顺序相反。

③在需要切断故障区域电源时,要尽量缩小停电范围。有分路开关的,尽量切断分路开关,以避免越级断电。

④电气设备一般不能受潮,要有防止雨、雪和水侵袭的措施。电气设备在运行时会发热,要有良好的通风条件,有的还要有防火措施。有裸露带电体的设备,特别是高压设备,要有防止小动物窜入造成短路事故的措施。

⑤所有电气设备的金属外壳都必须有可靠的保护接地。

⑥凡有可能被雷击的电气设备,都必须安装防雷装置。

任务二　安全用电常识

电工不仅要充分了解安全用电常识,还有责任阻止不安全用电行为和宣传安全用电常识。安全用电常识有:

①严禁用一线(相线)一地(指大地)安装用电器具。

②在一个插座上不可接过多或功率过大的用电器。

③未掌握电气知识技术的人员,不可安装和拆卸电气设备及线路。

④不可用金属丝绑扎电源线。

⑤不可用湿手接触带电的电器,如开关、灯座等,更不能用湿布抹擦电器。

⑥电动机和电气设备上不可放置衣物,不可在电动机上坐立,雨具不可挂在电动机或开关等电器的上方。

⑦堆放和搬运各种物质,安装其他设备,要与带电设备和电源线相距一定的安全距离。

⑧在搬运电钻、电焊机和电炉等可移动电器时,要先切断电源,不允许拖拉电源线来搬移电器。

⑨在潮湿环境中使用可移动电器时,必须要采用额定电压为 36 V 的低压电器,若采用额定电压为 220 V 的电器,其电源必须带隔离变压器;在金属容器如锅炉、管道内使用移动电器,一定要用额定电压为 12 V 的低压电器,并加接临时开关,还要有专人在容器外监护;低电压移动电器应安装特殊型号的插头,以防插入电压较高的插座上。

⑩雷雨天气时,不要走近高电压电杆、铁塔和避雷针的接地导线周围,以防雷电入地时周围存在跨步电压触电;切勿靠近断落在地面上的高压电线。如高压电线断落在身边或已进入跨步电压区域时,要立即单脚或双脚并拢迅速跳到 10 m 以外的地区,千万不要奔跑,以防跨步电压触电。

任务三　电气消防知识

在发生电气设备火警时,或邻近电气设备附近发生火警时,电工应运用正确的灭火知识,指导和组织群众采用正确的方法灭火。

①当电气设备和电气线路发生火警时,要尽快切断电源,防止火情蔓延和灭火时发生触电事故。

②不可用水或泡沫灭火机灭火,尤其是油类的火警,应采用黄沙、二氧化碳或1211灭火机灭火。

③灭火人员不可使身体及手持的灭火器材碰到有电的导线或电气设备。

任务四　触电急救知识

人触电后,往往会失去知觉或者形成假死状态,救治的关键在于使触电者迅速脱离电源和及时采取正确的救护方法。

①使触电者迅速脱离电源。如救援者离开关、插头较近,应迅速拉下开关或拔出插头,以切断电源。如距离开关插头较远,应使用干燥的木棒、竹竿等绝缘物将电源移开,或用带有绝缘手柄的钢丝钳等切断电源,使触电者迅速脱离电源。

②当触电者脱离电源后,应在现场就地检查和抢救。将触电者移至通风干燥的地方,使触电者仰天平卧,松开衣服和裤带;检查瞳孔是否放大,呼吸和心跳是否存在;同时通知医务人员前来抢救。

③对没有失去知觉的触电者,要使其保持安静,不要走动,观察其变化;对触电后精神失常的,必须防止其突然狂奔的现象发生。

④对失去知觉的触电者,若呼吸不齐、呼吸停止而有心跳的,应采用"人工呼吸法"进行抢救;对呼吸和心跳均已停止的,应同时采用"人工呼吸法"和"胸外心脏挤压法"进行抢救。救援者要有耐心,必须持续不断地进行,直至触电者苏醒为止,即使在送往医院的途中也不能停止抢救。

讨论题

1. 实习前应掌握哪些最基本的安全知识?
2. 遵守安全规章制度和重视安全生产有什么意义?

项目二
电工基本操作

∴∴∴

任务一　电工常用工量器具的使用与维护

常用电工工具是指一般专业电工使用的工具。常用的有验电器、钢丝钳、尖嘴钳、螺丝刀、剥线钳、扳手、手电钻、游标卡尺、塞尺、电烙铁等。

一、验电器

验电器是检验导线和电气设备是否带电的一种常用电工检测工具,分为低压验电器和高压验电器两种。

(一)低压验电器
①低压验电器又称为测电笔,简称电笔,有笔式和螺丝刀式两种,如图2.1所示。

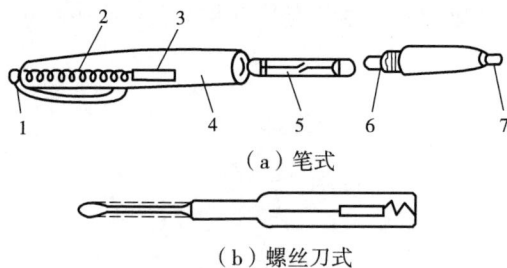

(a)笔式

(b)螺丝刀式

图 2.1　低压验电器

1—笔尾金属部分;2—弹簧;3—观察窗;4—笔身;
5—氖泡;6—电阻;7—笔尖金属部分

低压验电器由笔尖、笔身、弹簧、氖泡、电阻等部分组成。使用时用手指触及笔尾的金属部分使氖管小窗背光朝使用者,如图2.2所示。当用电笔测带电体时电流经带电体、电笔、人体、地形成回路,只要带电体与大地之间的电位差超过 60 V,电笔中的氖泡就发光。使用时应防止笔尖金属部分触及人手或别的导体,以防触电和短路。

②低压验电器的使用。根据氖管发光的强弱来估计电压的高低,氖管发光越强,电压越

高。区别相线与零线,在交流电路中当验电器触及导线时氖管发光的即为相线,正常情况下触及零线不发光。

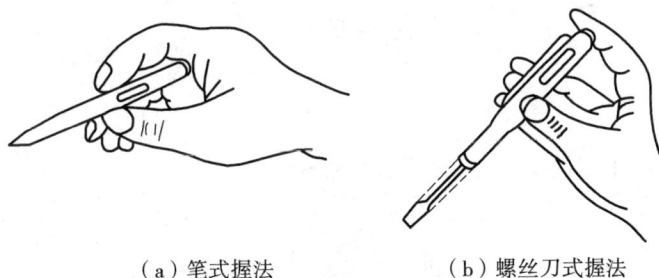

（a）笔式握法　　　（b）螺丝刀式握法

图2.2　低压验电器手持方法

区别直流电与交流电,交流电通过验电器时,氖管里的两个极同时发光。直流电通过验电器时,氖管里的两个极只有一个发光,发光的一极即为直流电的负极。

（二）高压验电器

①高压验电器又称高压测电器,如图2.3所示。10 kV高压验电器由金属钩、氖管、氖管窗、紧固螺钉、护环和握柄组成。使用时用手握住护环,金属钩勾住带电体,有电时氖管发光。高压验电器在使用时应特别注意手握部件不得超过护环。

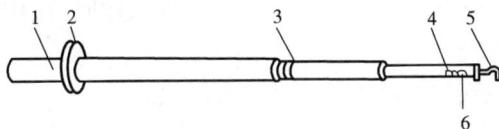

图2.3　10 kV高压验电器

1—握柄;2—护环;3—紧固螺钉;4—氖管;5—金属钩;6—氖管窗

②使用高压验电器的注意事项。

a.在雨、雪、雾或湿度较大的天气,不允许在户外使用,以免发生危险。

b.验电器在使用前,应检查其性能。

c.人体与带电体之间要有0.7 m以上的距离,检测时要注意防止发生相间短路或对地短路事故。

d.验电时,必须佩戴符合要求的绝缘手套,要有人在旁边监护,且不可单独操作,10 kV高压验电器使用方法如图2.4所示。

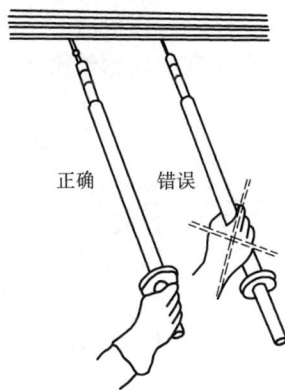

正确　错误

图2.4　10 kV高压验电器使用方法

二、钢丝钳

电工常用的钢丝钳有150、175、200及250 mm等规格,可根据内线或外线工种需要选购。钳子的齿口也可用来紧固或拧松螺母。钳子的刀口可用来剖切软电线的橡皮或塑料绝缘层。带刃口的钢丝钳还可以用来切断钢丝。钢丝钳均带有橡胶绝缘套管,可用于500 V以下的带电作业,如图2.5所示。

（a）结构   （b）弯绞导线

（c）紧固螺母   （d）剪切导线   （e）侧切钢丝

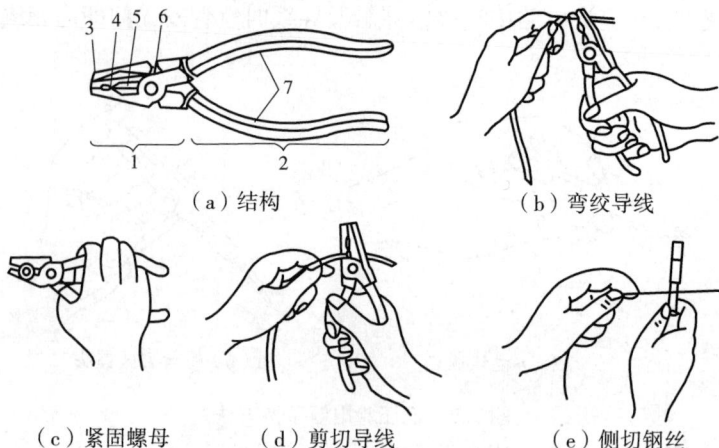

图 2.5　钢丝钳的结构和用途

1—钳头；2—钳柄；3—钳口；4—齿口；5—刀口；6—铡口；7—绝缘套

1. 钢丝钳的使用方法

①钢丝钳是用右手操作。将钳口朝内侧，便于控制钳切部位，将小指伸在两钳柄中间来抵住钳柄，张开钳头，这样可灵活分开钳柄。

②钳子的刀口可用来切剪电线、铁丝。剪 8 号镀锌铁丝时，应用刀刃绕表面来回割几下，然后只需轻轻一扳，铁丝即断。

③铡口也可以用来切断电线、钢丝等较硬的金属线。

④钳子的绝缘塑料管应耐压 500 V 以上，有了它可以带电剪切电线。使用中切忌乱扔，以免损坏绝缘塑料管。

⑤用钳子缠绕抱箍固定拉线时，钳子齿口夹住铁丝，以顺时针方向缠绕。

2. 使用钢丝钳时的注意事项

①电工在使用钢丝钳之前，必须保证绝缘手柄的绝缘性能良好，以保证带电作业时的人身安全。

图 2.6　尖嘴钳

②用钢丝钳剪切带电导线时，严禁用刀口同时剪切相线和零线，或同时剪切两根相线，以免发生短路事故。

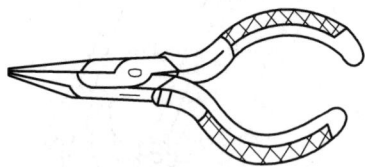

三、尖嘴钳

尖嘴钳，学名修口钳，也是电工（尤其是内线电工）常用的工具之一。

尖嘴钳的头部尖细，适用于在狭小的空间操作，其外形如图 2.6 所示。钳头用于夹持较小螺钉、垫圈、导线或把导线端头弯曲成所需形状，小刀口用于剪断细小的导线、金属丝等。尖嘴钳规格通常按其全长分为 130、160、180、200 mm 4 种。

尖嘴钳稍加改制，可作剥线尖嘴钳。方法是：用电钻在尖嘴钳剪线用的刀刃前端钻 0.8、1.0 mm 两个槽孔，再分别用 1.2、1.4 mm 的钻头稍扩一下（注意：别扩穿了！），使这两个槽孔有一个薄薄的刃口。这样，一个既能剪线又能剥线的尖嘴钳就改制成功了。

尖嘴钳手柄套有绝缘耐压 500 V 的绝缘套，尖嘴钳的握法如图 2.7 所示。使用注意事项与钢丝钳注意事项相同。

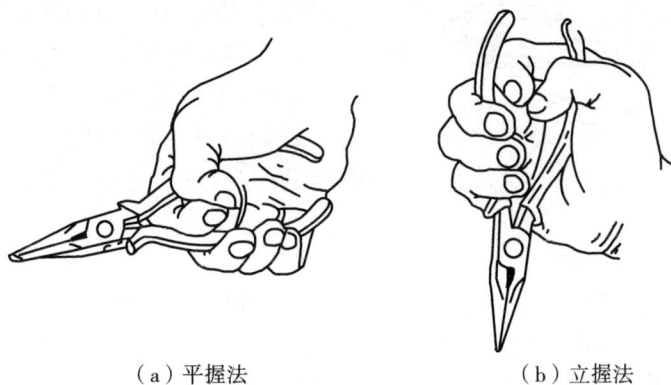

（a）平握法　　　　　　　　（b）立握法

图2.7　尖嘴钳的握法

四、螺丝刀

螺丝刀又称起子或改锥,是用来紧固或拆卸带槽螺钉的常用工具。按头部形状可分为一字形和十字形两种,如图2.8所示。

（a）一字形　　　　　　　　（b）十字形

图2.8　螺丝刀

1.正确的使用方法

正确的使用方法如图2.9所示。

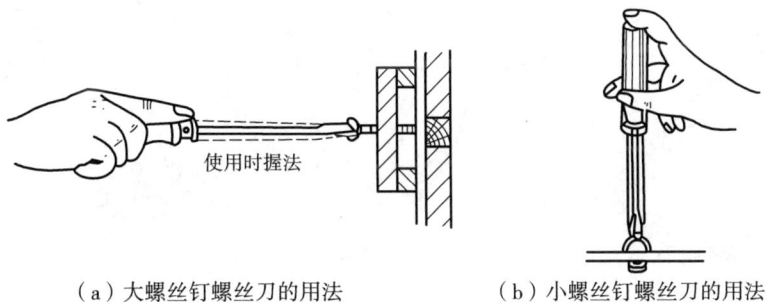

使用时握法

（a）大螺丝钉螺丝刀的用法　　　　　　　（b）小螺丝钉螺丝刀的用法

图2.9　螺丝刀的使用

2.使用螺丝刀时的注意事项

①电工不可使用金属杆直通柄顶的螺丝刀,以避免触电事故的发生。

②用螺丝刀拆卸或紧固带电螺栓时,手不得触及螺丝刀的金属杆,以免发生触电事故。

③为避免螺丝刀的金属杆触及带电体时手指碰触金属杆,电工用螺丝刀应在螺丝刀金属杆上穿套绝缘管。

五、电工刀

电工刀分为普通式和三用式两种,普通式电工刀如图2.10所示,有大号和小号两种,三用式电工刀增加了锯片和锥子的功能。

图 2.10　电工刀

使用电工刀时,刀口应朝外部切削,切忌面向人体切削。剖削导线绝缘层时应使刀面与导线成较小的锐角,以避免割伤线芯。电工刀刀柄无绝缘保护,不能接触或剖削带电导线及器件。新电工刀刀口较钝,应先开启刀口后再使用。电工刀使用后应随即将刀身折进刀柄,注意避免伤手。

六、剥线钳

剥线钳用来剥削直径 3 mm 及以下绝缘导线的塑料或橡胶绝缘层,其外形如图 2.11 所示。它由钳口和手柄两部分组成。剥线钳钳口分为 0.5 ~ 3 mm 的多个直径切口,用于与不同规格线芯直径相匹配,切口过大难以剥离绝缘层,切口过小会切断芯线,剥线钳也装有绝缘套。

使用剥线钳剥去绝缘层时,定好剥削的长度后,左手持导线,右手向内紧握钳柄,导线绝缘层被剥断后自由飞出。剥线钳一般不在带电的场合使用。

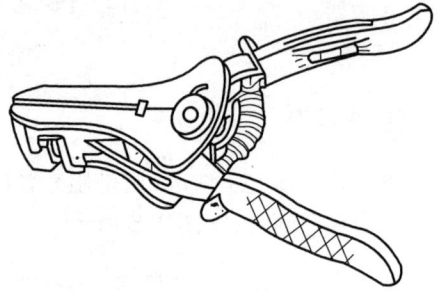

图 2.11　剥线钳

七、扳手

扳手是用于旋紧六角形、正方形螺钉和各种螺母的工具,采用工具钢、合金钢或可锻铸铁制成。一般分为通用的、专用的和特殊三大类,常用扳手如图 2.12 所示。

（a）活络扳手

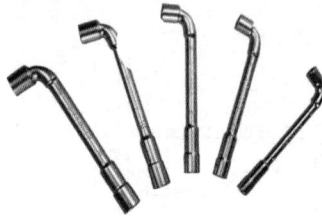

（b）套筒扳手

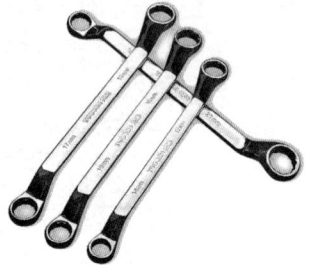

（c）梅花扳手

（d）管道扳手

（e）六角扳手

（f）气动扳手

图 2.12　常用扳手

使用时应根据螺钉、螺母的形状、规格及工作条件选用规格相适应的扳手。操作时应注意以下的安全操作事项：

1. 由扳手体、固定钳口、活动钳口及蜗杆等组成的

活络扳手的开口尺寸可在一定的范围内调节，所以在开口尺寸范围内的螺钉、螺母一般都可以使用。但也不可用大尺寸的扳手去旋紧尺寸较小的螺钉，这样会因扭矩过大而使螺钉折断；应按螺钉六方头或螺母六方的对边尺寸调整开口，间隙不要过大，否则将会损坏螺钉头或螺母，并且容易滑脱造成伤害事故；应让固定钳口受主要作用力，要将扳手柄向作业者方向拉紧，不要向前推，扳手手柄不可以任意接长，不应将扳手当锤击工具使用。

2. 呆扳手(开口扳手)、套筒扳手、锁紧扳手和内六角扳手等称为专用扳手

六角扳手的特点是单头的只能旋拧一种尺寸的螺钉头或螺母，双头的也只可旋拧两种尺寸的螺钉头或螺母；呆扳手使用时应使扳手开口与被旋拧件配合好后再用力，如接触不好时就用力容易滑脱，使作业者身体失衡；套筒扳手在使用时也需在接触好后再用力，发现梅花套筒及扳手柄变形或有裂纹时，应停止使用，要注意随时清除套筒内的尘垢和油污；锁紧扳手和内六角扳手在使用时要注意选择合适的规格、型号，以防滑脱伤手。

3. 棘轮扳手、扭矩限定扳手是根据特殊要求而制成的特种扳手

应根据产品说明书的要求去正确使用，或根据指示器的读数来调整作用力。

八、手电钻

(一)手电钻的分类

手电钻是一种头部装有钻头、内部装有单相电动机、靠旋转来钻孔的手持电动工具。电钻可区分为3类，即手电钻、冲击钻和锤钻。

1. 手电钻

功率最小，使用范围仅限于钻木和作为电动改锥使用，不具有太大的实用价值，不建议购买。

2. 冲击钻

冲击钻可以钻木、钻铁和钻砖，但不能钻混凝土，有的冲击钻上说明了可钻混凝土，其实并不可行，但对于钻瓷砖和砖头外层很薄的水泥是没有问题的。

3. 锤钻(电锤)

锤钻可在任何材料上钻洞，使用范围最广。

这3种电钻价格由低到高排列，功能也随之增多，具体如何选用，需结合各自的适用范围及要求，分为普通电钻和冲击电钻两种。冲击电钻的外形如图2.13所示。

(二)手电钻、冲击钻、电锤的使用注意事项

①外壳要有接地或接零保护：塑料外壳应防止碰、磕、砸，不要与汽油及其他溶剂接触。

②钻孔时不宜用力过大过猛，以防止工具过载；转速明显降低时，应立即把稳，减少施加的压力；突然停止转动时，必须立即切断电源。

③安装钻头时，不许用锤子或其他金属制品物件敲击，手拿电动工具时，必须握持工具的

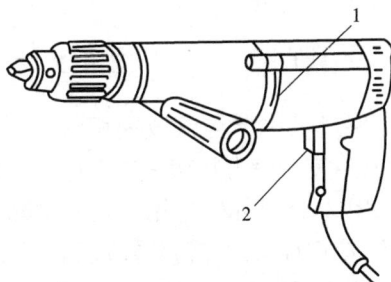

图2.13 冲击电钻
1—锤、钻调节开关；2—电源开关

手柄,不要一边拉软导线,一边搬动工具,要防止软导线擦破、割破和被轧坏等。

④较小的工件在被钻孔前必须先固定牢固,这样才能保证钻孔时使工件不随钻头旋转,从而保证作业者的安全。

⑤外壳的通风口(孔)必须保持畅通;必须注意防止切屑等杂物进入机壳内。

九、游标卡尺

1. 游标卡尺的使用

游标卡尺如图 2.14 所示。使用前应检查游标卡尺是否完好,游标零位刻度线与尺身零位线是否重合。测量外尺寸时,应将两外测量爪张开到稍大于被测件。测量内尺寸时,应将两内测量爪张开到稍小于被测件,并将固定量爪的测量面贴紧被测件,然后慢慢轻推游标使两测量爪的测量面紧贴被测件,拧紧固定螺钉,读数。

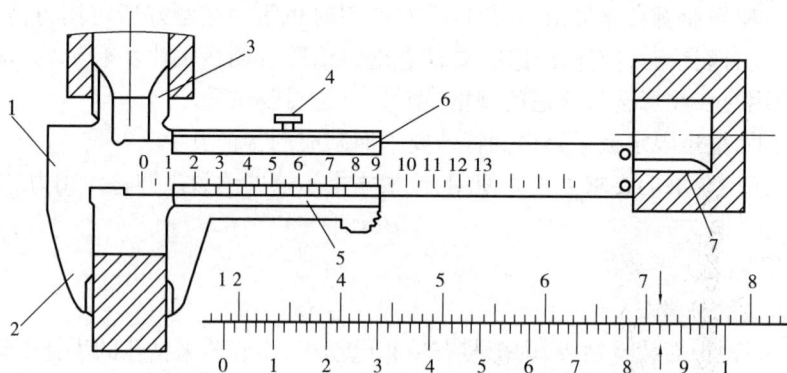

图 2.14　游标卡尺及量值读数

1—尺身;2—外测量爪;3—内测量爪;4—紧固螺钉;5—游标;6—尺框;7—深度尺

2. 读数方法

读数时,首先从游标的零位线所对尺身刻度线上读出整数的毫米值,再从游标上刻度线与尺身刻度线对齐处读出小数部分的毫米值,将两数值相加即为被测件的测量游标卡尺读数。

游标卡尺使用完毕后应擦拭干净。长时间不用时,应涂上防锈油保管。

十、塞尺

塞尺又称厚薄规或间隙片,由一组薄钢片组成,其厚度一般为 0.01 ~ 0.3 mm,塞尺的结构示意图如图 2.15 所示。它用来检查两贴合面之间缝隙大小,使用前必须先清除塞尺和工件上的污垢与灰尘。使用时可用一片或数片重叠插入间隙,以稍感拖滞为宜。测量时动作要轻,不允许硬插。也不允许测量温度较高的零件。

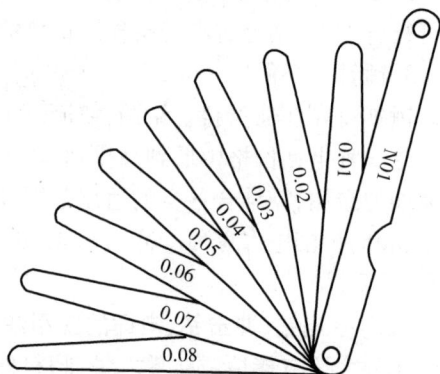

图 2.15　塞尺的结构示意图

十一、电烙铁

(一)电烙铁简介

1.外热式电烙铁

外热式电烙铁一般由烙铁头、烙铁芯、外壳、手柄、插头等部分所组成,如图2.16所示。烙铁头安装在烙铁芯内,用热传导性好的铜为基体的铜合金材料制成。烙铁头的长短可以调整(烙铁头越短,烙铁头的温度就越高),且有凿式、尖锥形、圆面形、圆、尖锥形和半圆沟形等不同的形状,以适应不同焊接面的需要。

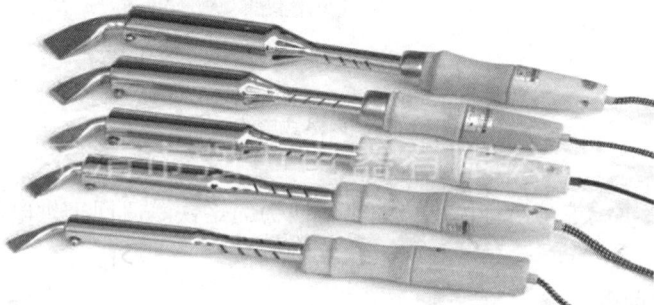

图2.16 外热式电烙铁

2.内热式电烙铁

内热式电烙铁由连接杆、手柄、弹簧夹、烙铁芯、烙铁头(也称铜头)5个部分组成,如图2.17所示。烙铁芯安装在烙铁头中(发热快,热效率高达85%及以上)。烙铁芯采用镍铬电阻丝绕在瓷管上制成,一般20 W的电烙铁其电阻为2.4 kΩ左右,35 W的电烙铁其电阻为1.6 kΩ左右。常用内热式电烙铁的工作温度列于表2.1。

表2.1 常用内热式电烙铁的工作温度表

烙铁功率/W	20	25	45	75	100
端头温度/℃	350	400	420	440	455

一般来说,电烙铁的功率越大,热量就越大,烙铁头的温度也就越高。焊接集成电路、印制线路板、CMOS电路一般选用20 W内热式电烙铁。使用的烙铁功率过大,容易烫坏元器件(一般二、三极管结点温度超过200 ℃时就会烧坏)和使印制导线从基板上脱落;使用的烙铁功率太小,焊锡不能充分熔化,焊剂不能挥发,焊点不光滑、不牢固,易产生虚焊。焊接时间过长,也会烧坏器件,一般每个焊点在1.5~4 s内完成。

3.其他烙铁

(1)恒温电烙铁

恒温电烙铁的烙铁头内装有磁铁式温度控制器来控制通电时间,实现恒温的目的。在焊接温度不宜过高、焊接时间不宜过长的元器件时,应选用恒温电烙铁,但它价格较高。

(2)吸锡电烙铁

吸锡电烙铁是将活塞式吸锡器与电烙铁熔为一体的拆焊工具,它具有使用方便、灵活、适用范围宽等特点。不足之处是每次只能对一个焊点进行拆焊。

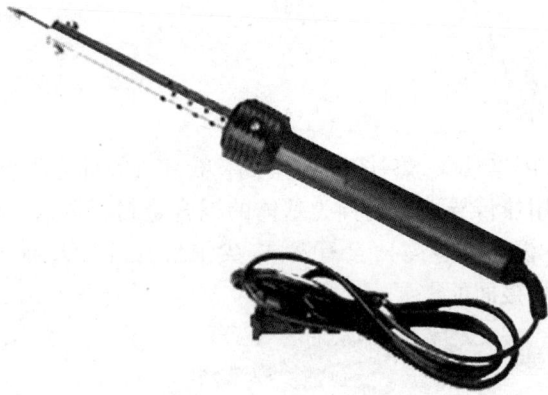

图 2.17　内热式电烙铁

（3）气焊烙铁

一种用液化气、甲烷等可燃气体燃烧加热烙铁头的烙铁。适用于供电不便或无法供给交流电的场合。

（二）电烙铁的选择

1.选用电烙铁一般遵循的原则

①烙铁头的形状要适应被焊件物面要求和产品装配密度。

②烙铁头的顶端温度要与焊料的熔点相适应,一般要比焊料熔点高 30～80℃（不包括在电烙铁头接触焊接点时下降的温度）。

③电烙铁热容量要恰当。烙铁头的温度恢复时间要与被焊件物面的要求相适应。温度恢复时间是指在焊接周期内,烙铁头顶端温度因热量散失而降低后,再恢复到最高温度所需时间。它与电烙铁功率、热容量以及烙铁头的形状、长短有关。

2.选择电烙铁的功率原则

①焊接集成电路,晶体管及其他受热易损件的元器件时,考虑选用 20 W 内热式或 25 W 外热式电烙铁。

②焊接较粗导线及同轴电缆时,考虑选用 50 W 内热式或 45～75 W 外热式电烙铁。

③焊接较大元器件时,如金属底盘接地焊片,应选 100 W 以上的电烙铁。

（三）电烙铁的使用

1.电烙铁的握法

电烙铁的握法分为 3 种。

（1）反握法

反握法是用五指把电烙铁的柄握在掌内。此法适用于大功率电烙铁,焊接散热量大的被焊件。

（2）正握法

正握法适用于较大的电烙铁,弯形烙铁头的一般也用此法。

（3）握笔法

用握笔的方法握电烙铁,此法适用于小功率电烙铁,焊接散热量小的被焊件,如焊接收音机、电视机的印制电路板及其维修等。

2.电烙铁使用前的处理

在使用前先通电给烙铁头"上锡"。首先用锉刀把烙铁头按需要锉成一定的形状,然后接上电源,当烙铁头温度升到能熔锡时,将烙铁头在松香上沾涂一下,待松香冒烟后再沾涂一层焊锡,如此反复进行2~3次,使烙铁头的刃面全部挂上一层锡便可使用了。

电烙铁不宜长时间通电而不使用,这样容易使烙铁芯加速氧化而烧断,缩短其寿命,同时也会使烙铁头因长时间加热而氧化,甚至被"烧死",不再"吃锡"。

3.电烙铁使用注意事项

①根据焊接对象合理选用不同类型的电烙铁。

②使用过程中不要任意敲击电烙铁头以免损坏。内热式电烙铁连接杆钢管壁厚度只有0.2 mm,不能用钳子夹以免损坏。在使用过程中应经常维护,保证烙铁头挂上一层薄锡。

十二、喷灯

喷灯是一种利用喷射火焰对工件进行加热的工具,常用来焊接铅包电缆的铅包层、大截面铜导线连接处的搪锡以及其他电连接表面的防氧化镀锡等。

喷灯按照所用的燃料分为煤油喷灯和汽油喷灯两种,汽油如图2.18所示。

(1)使用喷灯作业点火前,应符合下列要求:

①油筒不漏油,喷火嘴无堵塞,丝扣不漏气。

②油筒内的油量不超过油筒容积的3/4。

③加油的螺丝塞拧紧。

(2)用喷灯工作时,应遵守下列各项:

①点火时不可把喷嘴正对着人或易燃物品。

②油筒内压力不可过高。

③工作地点不靠近易燃物品和带电体。

④尽可能在空气流通的地方工作,以免燃烧气体充满室内。

⑤不准把喷灯放在温度高的物体上。

⑥禁止在使用煤油或酒精的喷灯内注入汽油。

⑦喷灯用毕后,应放尽压力,待冷却后,方可放入工具箱内。

图2.18　汽油喷灯

(3)喷灯的加油、放油以及拆卸喷火嘴或其他零件等工作,必须待喷火嘴冷却泄压后再进行。

任务二　导线的连接及导线绝缘层的恢复

一、导线的连接

1.单股导线的绞接连接法

单股中小截面导线的绞接连接法见表2.2。

表 2.2　单股导线的绞接连接法

序号	图　形	连接方法
1		将两段长度相等的芯线绞接(顺时针方向)
2		相互绞绕 2～3 圈
3		分别把绞绕的线头扳直,把其中一线头按绞绕方向在对应的一方芯线上紧密地缠绕 5～6 圈
4		另一线头按绞绕方向在对应的一方芯线上紧密缠绕 5～6 圈
5		用钢丝钳剪去余下的线头,并修平芯线的末端

2. 多股导线的直线绞接

多股导线中用得最多的是 7 芯线的导线,其连接方法见表 2.3。

表 2.3　多股导线的直线绞接

序号	图　形	连接方法
1		将线头的绝缘层剥去
2		将线芯的 2/3 松开并扳直,将靠近绝缘层线芯的 1/3 绞紧,再将松开的芯线扳成伞骨状
3		将两个伞骨形线芯一根隔一根地交叉插在一起
4		摆平互相交叉插入的线芯并夹紧

序号	图 形	连接方法
5		将左边线头任意 2 根相邻的线芯扳直,并按箭头方向(顺时针方向)缠绕
6		缠绕 2 圈后,将余下的线头向右折弯 90°(紧靠并平行导线)
7		在上两线头的左侧把任意 2 根相邻的线头扳直,按箭头方向紧紧地压往前两根折弯的线头进行缠绕
8		缠绕 2 圈后,将余下的线头向右折弯 90°(紧靠并平行导线),再将左边余下的 3 根线芯扳直,按同样的方法缠绕
9		缠绕 3 圈后切除余下的线芯,并整平端头
10		用序号 5~9 的方法再缠绕右边线头的芯线

3. 单股导线的 T 形连接

单股导线的 T 形连接法见表 2.4。

表 2.4 单股导线的 T 形连接法

序号	图 形	连接方法
1		把分支线的芯线垂直放在干线上
2		将支线线头按顺时针方向紧密地缠绕在干线上
3		缠绕 5~8 圈后,用钢丝钳剪去余下芯线,并整平支线芯线的末端,要求支线不能在干线上滑动

15

4. 多股导线的 T 形分支绞接连接

多股导线的 T 形分支绞接连接法见表 2.5。

表 2.5　多股导线的 T 形分支绞接连接法

序号	图　形	连接方法
1		将干线剥去绝缘层
2		将支线剥去绝缘层
3	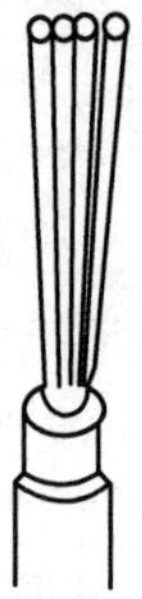	将支线裸线部分的 $\dfrac{5}{6L}$ 散开扳直
4	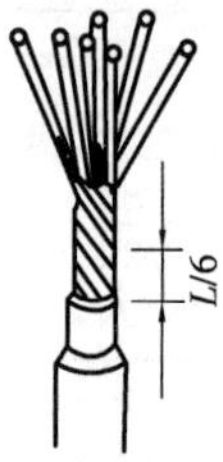	将靠近绝缘层线芯的 $\dfrac{1}{6L}$ 绞紧,再将松开的芯线扳成伞骨状
5		剪去中间的股线,将剩余股线分成相等的两部分并理顺,交叉插到干线的中点上
6	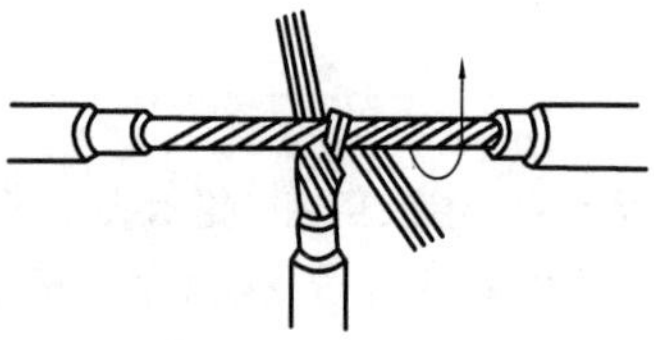	将插接的支线在右边干线上缠绕 3~4 圈

续表

序号	图　形	连接方法
7		同样,将支线在左边干线上以相反方向缠绕 3～4 圈
8		将支线稍微拧紧

二、绝缘导线的连接

安装线路时,经常遇到导线不够长或要分接支路,这就需要把一根导线与另一根导线连接起来,或把导线端头固定于电气设备上。这些连接点处通常称为接头。

导线的连接应符合下列要求:

①连接要紧密;

②使接触电阻最小;

③连接处的机械强度和绝缘强度应该与非连接处相同。

（a）直削法　　　　　　　　（b）斜削法

（c）分段削法

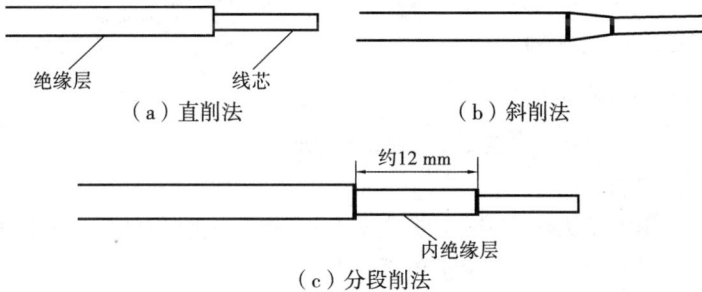

图 2.19　电线头的削皮

由于导线的材料、线径的大小和对连接的要求不同,所以连接的方法不同。常用的连接方法有直接连接法、分路连接法、接线柱连接法等。

绝缘导线的连接分为剖削绝缘、导线连接、接头焊接、恢复绝缘 4 个步骤。

导线线头绝缘层的剖削方法有直削法、斜削法和分段剖削法 3 种,如图 2.19 所示。

直剖削法、斜剖削法适用于单层绝缘导线,如塑料绝缘线。分段剖削法适用于绝缘层较多的导线,如橡皮线铅皮线等。剖削导线时必须注意不得损伤线芯。

（1）塑料线绝缘层的剖削

用剥线钳剥离塑料层固然方便,但电工必须学会用钢钳、电工刀来剥削绝缘层。

用钢丝钳剥削的方法适用于芯线截面为 4 mm^2 及以下的塑料线。

具体操作方法:根据线头所需长度用钳头刀口轻切塑料层,不可切到芯线;然后右手握住钳子头部用力向外勒去塑料层;与此同时,左手把紧电线反向用力配合动作,在勒去绝缘层时,不可在钳口处加剪切力,这样会伤及线芯,甚至将导线剪断。芯线截面大于 4 mm² 的塑料线可用电工刀来剖削绝缘层。具体操作方法是:根据所需的线段长度,用刀口以 45°的倾斜角切入塑料绝缘层,不可切入芯线接着刀面,与芯线保持 15°左右的角度,用力向外削出一条缺口;然后将绝缘层剥离芯线,向后扳翻,用电工刀取齐切去,如图 2.20 所示。

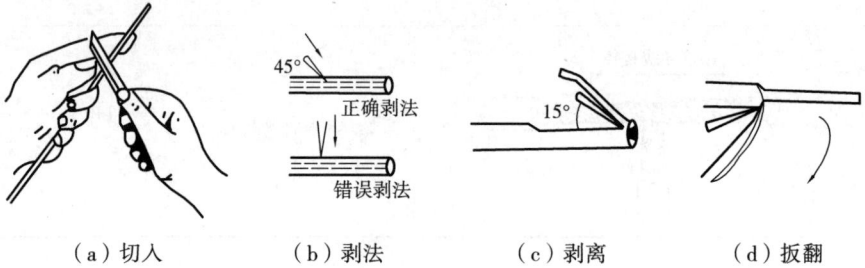

（a）切入　　　　（b）剥法　　　　（c）剥离　　　　（d）扳翻

图 2.20　电工刀削导线塑料层

（2）塑料软线绝缘层的剖削

要用剥线钳或钢丝钳剥离,不可用电工刀剥离,因其容易切断芯线。

（3）塑料护套线的护套层和绝缘层的剖削

护套层用电工刀来剥离,方法是:按所需长度用刀尖在线芯缝隙间划开护套层,接着扳翻,用刀口切齐,如图 2.21 所示。绝缘层的剖削方法同塑料线。但绝缘层的切口与护套层的切口间应留有 5 ~ 10 mm 距离。

（a）划开护套层　　　　　　　　（b）扳翻

图 2.21　护套层的削离方法

（4）橡皮线绝缘层的剖削

先将编织保护层用电工刀尖划开,与剥离护套层的方法类同,然后用剥削塑料线绝缘层相同的方法剥去橡胶层,最后松散棉纱层至根部,用电工刀切去。

（5）花线绝缘层的剖削

因棉纱织物保护层较软,可用电工刀在其四周割切一圈后拉去,再按剖削橡皮线的方法进行剖削。

（6）橡套软电缆的护套层和绝缘层的剖削方法

护套层的剥离方法同塑料护套层,再按花线绝缘层的剖削方法进行剖削。

三、导线的焊接

导线的焊接有两种方法,一是电烙铁锡焊;二是浇焊。

电烙铁锡焊多用于电子电路,在导线连接中也有绞接加锡焊的方法,就是在小规格的导线绞接后,为了增加电接触性,可用锡焊的方法再将接头处焊一遍。其焊接方法与电子电路锡焊相同,所不同的是电烙铁的功率要大一些,一般用 150 W 的电烙铁即可。

浇焊主要用于 16 mm^2 以上的导线接头的焊接。浇焊时,应先将焊锡放在化锡锅内,用喷灯或电炉熔化,然后将导线两线头穿入特制的焊管内,并置于锅的上面,用勺盛上熔化的锡汁,从接头上面浇下,直至浇满为止,如图 2.22 所示。

四、导线的压接

导线的压接多用于铝导线的连接。因为铝极易氧化,且铝氧化膜的电阻率很高,所以铝芯导线不宜采取绞接的方法连接。铝芯导线常采用螺钉压接法和压接管压接法连接。

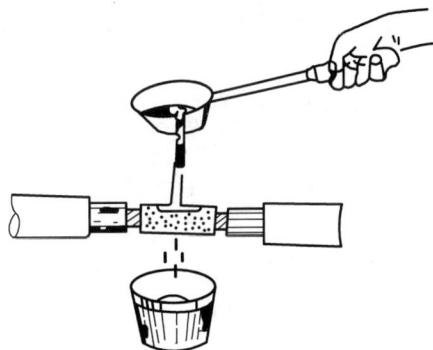

图 2.22　铜芯导线接头浇焊法

1. 螺钉压接法

螺钉压接法连接适用于规格较小的单股铝芯线的连接,其步骤如下:

把剖去绝缘层的铝芯线头用钢丝刷刷去表面的氧化膜,并涂上中性凡士林,作直线连接时,先把每根导线在接近线端处卷上 2~3 个圈,以备线头断裂后再次连接用。然后将 4 个线头两两相对地插入两只瓷接头(又称接线桥)的 4 个接线桩上,然后旋紧接线桩的螺钉。若要作分路连接时,只要将支路导线的两个线头分别插入两个瓷接头的两个接线桩上,旋紧螺钉即可,如图 2.23 所示。

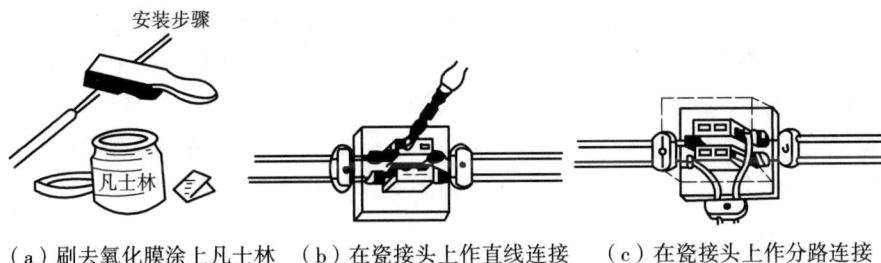

（a）刷去氧化膜涂上凡士林　　（b）在瓷接头上作直线连接　　（c）在瓷接头上作分路连接

图 2.23　单股铝芯线的螺钉压接法连接

2. 压接管压接法

压接管压接法连接适用于较大负荷的多股导线的直线连接。操作时,要使用专用工具压线钳进行操作。其步骤如下:

在各种用电器和电气装置上,均有各类接线桩供连接导线用。导线只有与接线桩连接后才能使用电系统形成一个完整的闭合回路。导线与接线桩的连接也是非常重要的。常用的接线桩有针孔式、螺钉压片式和瓦片式等多种形式。

五、线头与针孔式接线桩连接

这种方式多用于小规格的导线连接。若是单股导线去掉绝缘后,按孔深截取芯线长度,然后插入孔内,旋紧紧固螺钉即可。要是芯线线径小于孔径,可截取双倍孔深的长度,折成双根插入旋紧即可。若是多股细丝软线,必须先绞紧或搪锡使之变硬后,再插入旋紧螺钉即可。搪锡的目的是防止螺钉压紧时把线头压散,如图 2.24 所示。

注意事项:一是要注意把线头插到底;二是不得压住绝缘层,孔外的裸线头的长度不得超过 2 mm;三是凡有两个压紧螺钉的,应先紧孔口的螺钉再紧近孔底的另一个。

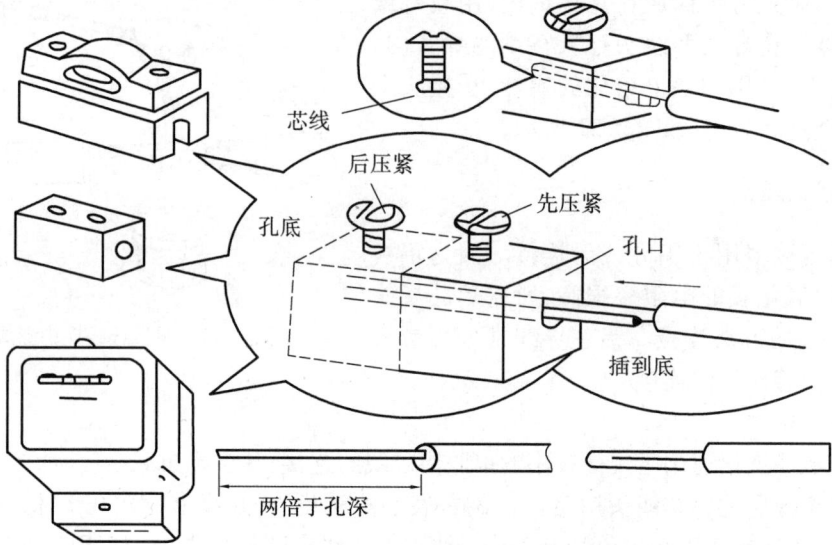

图 2.24　针孔式接线桩连接要求和方法

六、线头与螺钉压片式接线桩连接

这种方式也多用于小规格的导线连接。操作时,首先将单股导线线头弯成羊眼圈,然后松下螺钉,将羊眼圈的弯曲方向和螺钉旋紧一致套入螺钉,然后压紧即可,如图 2.25 所示。多股导线可按图所示制作羊眼圈,再按上述方法套入螺钉旋紧即可。

注意事项:羊眼圈的内径要合适,比螺钉外径稍大即可。压螺钉前要先垫上垫圈以增大接触面积,保证良好的电接触性。压紧螺钉时不得将绝缘层压在垫圈下面。

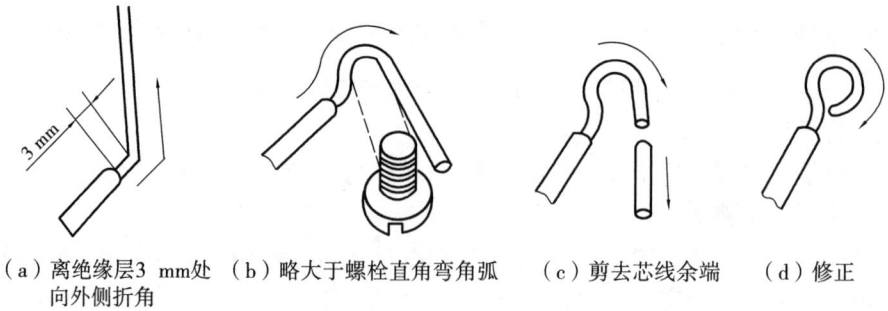

（a）离绝缘层3 mm处　（b）略大于螺栓直角弯角弧　（c）剪去芯线余端　（d）修正
　向外侧折角

图 2.25　单股芯线压接圈的弯法

七、线头与瓦形接线桩的连接

瓦形接线桩的垫圈为瓦形。压按时为了不致线头从瓦形接线桩内滑出,压接前应先将已去除氧化层和污物的线头弯曲成 U 形,如图 2.26(a)所示,再卡入瓦形接线桩压接。如果在接线桩上有两个线头连接,应将弯成 U 形的两个线头相重合,再卡入接线桩瓦形垫圈下方,压紧,如图 2.26(b)所示。

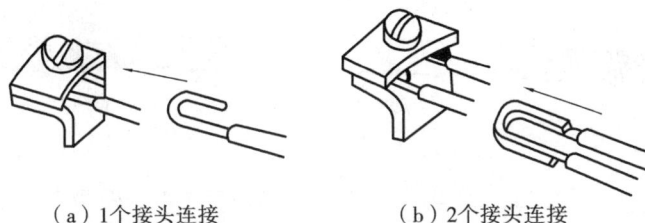

（a）1个接头连接　　　　　　　（b）2个接头连接

图2.26　单股芯线与瓦形接线桩的连接

　　另：还有一种螺栓压片式接线桩。这种接线桩主要是一些容量比较大的电器常用。与之相连的导线规格也较大，它们之间相连就不能采取前面的方法，必须要装上接线耳（俗称铜鼻子）。具体方法是把线头穿入接线耳，用压线钳压紧线头，然后接线耳有孔的一端再穿入螺栓拧紧即可，如图2.27所示。这种方法也称导线的封端。

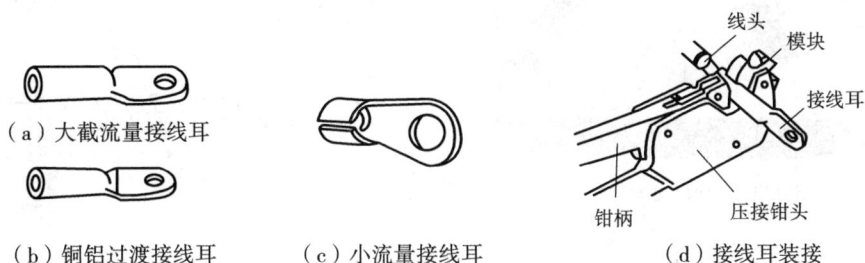

（a）大截流量接线耳　　　　　　　　　　　　　　　　　　　　　　线头　　模块

　　　　　　　　　　　　　　　　　　　　　　　　　　　　　　　　　接线耳

（b）铜铝过渡接线耳　　　（c）小流量接线耳　　　钳柄　　压接钳头

　　　　　　　　　　　　　　　　　　　　　　　　　　　　　　（d）接线耳装接

图2.27　接线耳及导线与接线耳的压接

任务三　导线绝缘层的恢复

　　导线的绝缘层破损后必须恢复。导线做接头后，也须恢复绝缘。恢复的绝缘强度不应低于原有绝缘。通常用黄蜡带、涤纶薄膜带和黑胶布作为恢复绝缘的材料，黄蜡带和黑胶布一般选用20 mm宽的较适合，包缠也方便。

　　绝缘带的包缠方法：将黄蜡带从导线左边完整的绝缘层开始包缠，包缠两根带宽后方可进入无绝缘的芯线部分。包缠时，黄蜡带与导线保持55°的倾斜角，每圈压带宽的1/2。包缠1层黄蜡带后，将黑胶布接在黄蜡带的尾部，按另一斜叠方向包缠一层黑胶布，也是每圈压带宽的1/2，如图2.28、图2.29所示。

　　一般在380 V线路上的导线恢复绝缘时，必须先包缠2层黄蜡带，然后再包缠1层黑胶带。在220 V线路上的导线恢复绝缘时，先包缠1层黄蜡带，再包缠1层黑胶带，也可包缠两层黑胶带。

综合实习

1.用废旧导线（包括单股线和多股线）作导线连接练习。

2.在接头上作恢复绝缘练习。

3.利用废旧导线作双层正方形方框。

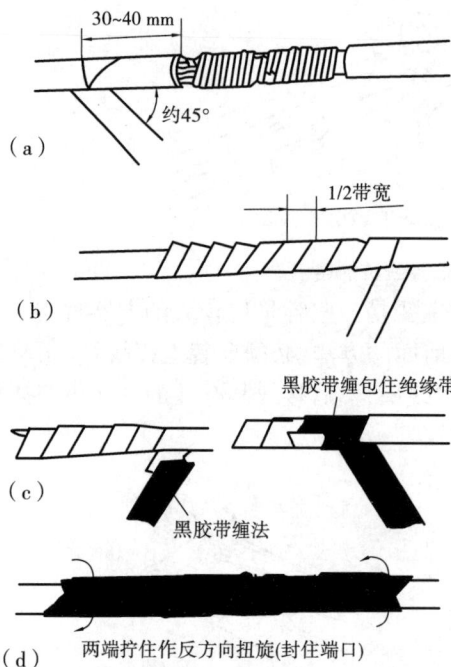

图 2.28 导线对接接点绝缘恢复方法

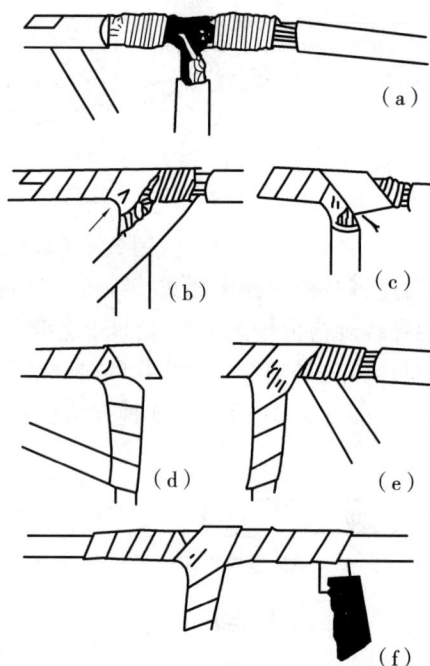

图 2.29 导线分支接点绝缘层的恢复方法

考核评分

绝缘导线连接操作考核评分表见表2.6。

表 2.6 考核评分表

班级:　　　　姓名:　　　　项目:导线连接操作

序　号	项　目	内容及评分标准	分　值	得　分
1	导线直线连接	导线绝缘层剥切正确,未伤及芯线,连接方法和步骤正确,绝缘层剥切不正确,并有割伤扣5分,一项不符合要求扣5分	20	
2	导线分支连接	导线绝缘层剥切正确,未伤及芯线,连接方法和步骤正确,绝缘层剥切不正确,并有割伤扣5分,一项不符合要求扣5分	20	
3	导线与接线桩连接	导线圆圈(羊眼圈)操作10个均符合要求 多股导线压接圈的操作 一个压接圈不合格扣1分 多股导线压接圈操作错误扣5分,弯法不符合要求扣5分	30	

序 号	项 目	内容及评分标准	分 值	得 分
4	包缠绝缘胶带	正反方向各缠 1 层胶带或黄蜡带,然后缠两层黑胶布,要求不松不紧,厚度和原绝缘一样 一项不合格扣 5 分	20	
5	时 间	180 min 完成 2.5 h 每超过 15 min 扣 5 分,不满 15 min 按 15 min 计算	10	
6	总 分		100	

任务四 登高训练

电工经常需要在电线杆等高空上作业,所以登高技术也是电工必备的技能之一。电工在进行登高作业时,要特别注意人身安全。登高工具必须牢固可靠。未经现场训练,或患有精神病、严重高血压、心脏病和癫痫等疾病者,均不得使用登高工具登高。

一、梯子登高

电工常用的梯子有竹梯和人字梯。竹梯通常于室外不太高的地方做登高用。常用的规格有 13、15、17、19、21 和 25 挡;人字梯通常用于室内登高作业,如图 2.30 所示。

（a）竹梯   （b）人字梯   （c）竹梯上作业姿势

图 2.30 常用梯子

梯子登高的安全知识如下所述。

①竹梯在使用前应检查是否有虫蛀及折裂现象;两脚应绑扎胶皮之类的防滑物。人字梯应在中间绑扎防自动滑开的防滑拉绳(安全绳)。

②竹梯放置的斜角约为 70°,不可放置得太陡和太缓。

③梯子的安放应与带电部分保持安全距离,扶梯人应戴好安全帽,梯子不得放在箱子或桶

23

类物体上。

二、踏板登杆和下杆

在外线施工和外线检修过程中,经常使用登杆操作。登杆方法分为踏板登杆和脚扣登杆两种。

1. 踏板登杆

踏板登杆的具体方法按图2.31所示的顺序进行。

①先将一块踏板钩挂在电线杆上(高度以操作者能跨上为准),将另一块踏板背挂在肩上,接着右手紧握住双根棕绳,并需使大拇指顶住挂钩,左手握住左边(贴近木板)棕绳,然后将右脚跨上踏板。

②两手和两脚同时用力,使人体上升,待人体重心转到右脚,左手即应松去,并趁势立即向上扶住电线杆,左脚抵住电线杆。

③当人体上升到一定高度时,应立即松开右手,向上扶住电杆,且趁势使人体直立,接着把刚提上去的左脚去围绕做边棕绳。

④左脚如图2.31所示绕过左边棕绳后踏入三角挡内,待人体站稳后,才可在电线杆上一级钩挂另一块踏板(注意:此时人体的平稳是依靠左脚围绕左边棕绳来维持的)。

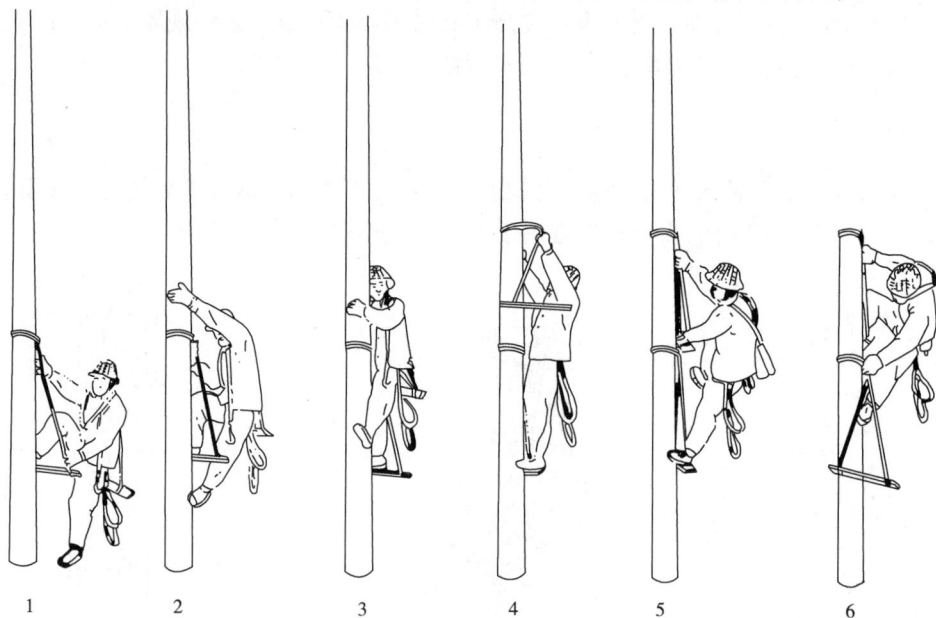

图2.31 踏板登杆方法

⑤右手紧握上一块踏板的两根棕绳,并使大拇指顶住挂钩,左手握住左边(贴近木板)棕绳,然后将左脚从棕绳外退出,改成正踏在三角挡内,接着才可使右脚跨上另一块踏板(如步骤1所述方法,但必须注意,此时人体已离开踏板,这个步骤人体的受力是依靠右手紧握住两根棕绳来获得的,人体的平衡依靠左手紧握左边棕绳来维持)。

⑥按步骤②所述方法进行攀登,但当人体离开下面一块踏板时,则需把下面一块踏板解下,此时左脚必须抵住电线杆,以免人体摇晃不稳。

重复上述各步骤进行攀登,直至到达工作所需高度为止。

注意:登杆属于高空作业,凡患有精神病、高血压和心脏病等疾病的人,一律不得参加登杆。初学者必须先在较低的练习杆上学习,待熟练后才可正式参加登杆和在杆上操作,决不可盲目参加,以免发生意外。

2. 踏板的下杆

踏板的下杆具体方法按图2.32所示步骤进行:

①人体站稳在现用的一块踏板上,将另一块踏板钩挂在现用踏板下方,别挂得太低。

②右手紧握现用踏板钩挂处的两根绳索,并用大拇指抵住挂钩,以防人体下降时踏板随之下降,左脚下伸,并抵住下方电线杆。同时,左手握住下一块踏板的挂钩处(不要使已勾好绳索滑脱,也不要抽紧绳索,以免踏板下降发生困难),人体随左脚的下伸而下降,并使左手配合人体下降而将另一块踏板放下到适当位置。

③当人体下降到如图2.32所示步骤③的位置时,左脚插入另一块踏板的两根棕绳和电杆之间(即应使两根棕绳处在左脚的脚背上)。

④左手握住上一块踏板左端绳索,同时左脚用力抵住电杆,这样既可防止踏板滑下,又可防止人体摇晃。

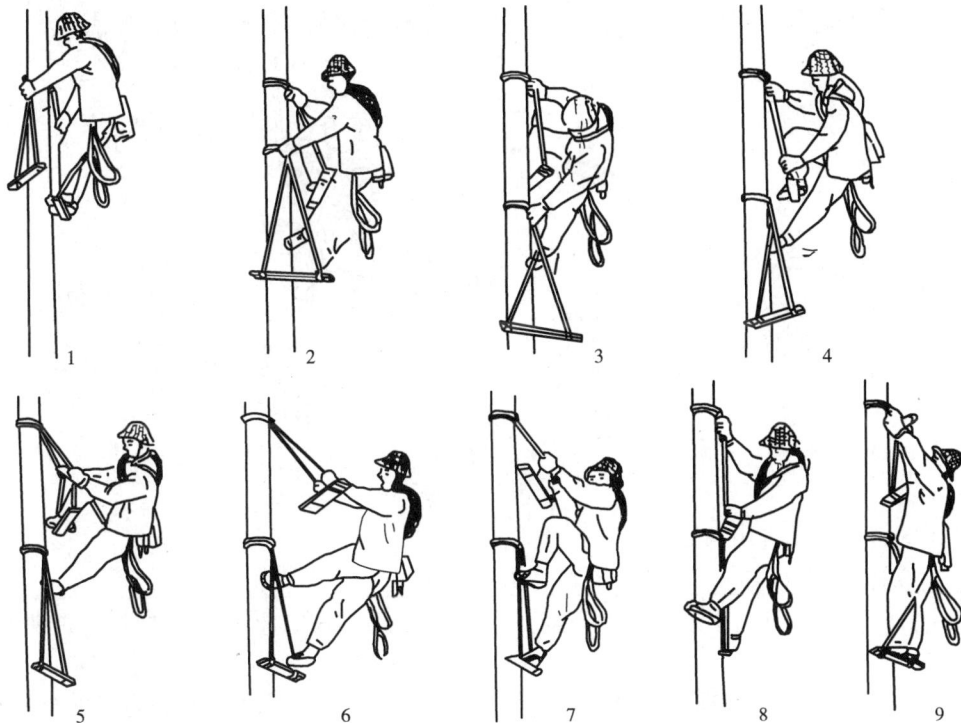

图2.32 踏板下杆方法

⑤双手紧握上一块踏板的两根绳索,使人体重心下降。

⑥双手随人体下降而下移紧握位置,直至贴近两端木板,左脚不动,但需用力支撑住电线杆,使人体向后仰开,同时右脚从上一块踏板退下,使人体不断下降,并使右脚能准确地踏到下一块踏板。

⑦当右脚稍一着落而人体质量尚未完全降落到下一块踏板时,应立即将左脚从两根棕绳内抽出(注意:此时双手不可松劲),并趁势使人体贴近电线杆站稳。

⑧左脚下移,并准备绕过左边棕绳,右手上移到上一块踏板的勾挂处。

⑨脚如图 2.32 所示在踏板上站稳,双手解去上一块踏板。

以后按上述步骤重复进行,直至人体着地为止。

三、脚扣登高

脚扣又称铁脚,也是攀登电线杆的工具。脚扣分为木杆脚扣和水泥杆脚扣两种,木杆脚扣的扣环上制有铁齿,其外形如图 2.33(a)所示。水泥杆脚扣上裹有橡胶,以防止打滑。其外形如图 2.33(b)所示。

脚扣攀登速度较快,容易掌握攀登方法,但在杆上作业时没有踏板灵活舒适,易于疲劳,故适合于杆上短时间作业。为了保证杆上作业时人体的平稳,两只脚扣应按图 2.33(c)所示方法定位。脚扣上杆下杆的操作方法如图 2.33(c)所示。

脚扣登板的安全注意事项:

①使用前必须检查脚扣各部分是否完好,脚扣皮带是否牢固可靠;脚扣皮带若损坏,不得用绳子或电线代替。

②一定要按电杆的规格选择大小合适的脚扣;木杆脚扣和水泥杆脚扣不能混用。

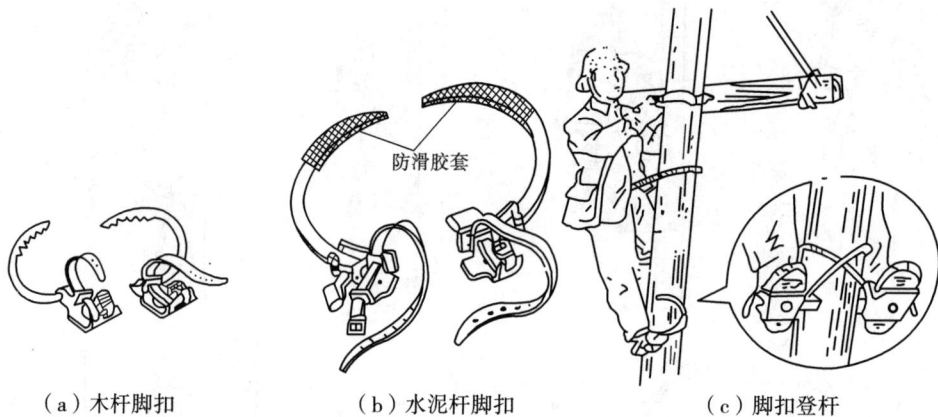

（a）木杆脚扣　　　　　（b）水泥杆脚扣　　　　　（c）脚扣登杆

图 2.33　脚扣

③雨天或雪天不宜用脚扣登杆。

④在登杆前,应对脚扣进行人体载荷冲击试验。

⑤上、下杆的每一步,必须使脚扣完全套入,并可靠地扣住电杆才能移动身体,否则容易造成事故。

⑥在登杆前,一定要佩戴好安全带,在杆上作业时,要及时把保险绳挂在电杆的金具上,如图 2.33 所示。

四、实习内容

①踏板登杆练习。

②脚扣登杆练习。

考核评分

登杆操作考核评分见表 2.7。

表 2.7　考核评分表

班级：　　　　　　姓名：　　　　　　项目：登杆操作

序号	项　目	内　容	评分标准	分值	得分
1	登杆准备	核对工具材料齐全,工具选择、使用方法正确 上杆前检查脚踏板的绳钩(或脚扣、脚扣带)及各部连接要牢固可靠	上杆前不检查扣 10 分 检查不全扣 5 分	10	
2	登杆操作	上下杆时重心平衡,操作动作正确 上下杆过程中无下滑和掉脚踏板或脚扣现象 在杆上不得大声喧闹 下杆时脚未到地面不许跳下	每项不符合要求扣 5 分 登杆过程中下滑及掉脚踏板或脚扣者扣 20 分 违反者扣 10 分	50	
3	安全文明操作	登杆人员衣着应符合要求,戴好安全帽 工具整理并摆放整齐,场地收拾干净	衣着不符合要求扣 10 分 不戴安全帽扣 10 分 登杆结束后不清理场地、工具扣 5 分	20	
4	时间	上杆从脚离开地面算起,到达杆顶后手摸杆顶至下杆脚落地为止 根据电杆高度制订上下杆时间	超时 5 s 扣 2 分,扣完为止	20	
5	总　分			100	

项目三
室内布线及照明线路的安装

室内线路通常由导线、导线的绝缘支持物和用电器具所组成。室内线路的安装有明线安装和暗线安装两种。导线沿墙壁、天花板、梁及柱子等明敷设，称为明线安装。导线穿管埋设在墙内、地坪内或装设在顶棚里称为暗线安装。

按配线方式分为瓷夹配线、瓷瓶配线、槽板配线、塑料护套线配线、穿管配线等多种。室内照明线路中普遍采用的是护套线配线、塑料槽板配线和穿管配线。

任务一　室内布线

一、塑料护套线配线

护套线是一种具有塑料外层的双芯或多芯绝缘导线，具有防潮、防酸和耐腐蚀等性能。护套线可直接敷设在空心楼板内和建筑物的表面，用塑料线卡或铝线卡作为导线的支持物，铝线卡现已很少采用。护套线敷设的方法简单、线路整齐美观、造价低廉，目前已逐步取代瓷夹、瓷瓶和木槽板配线而广泛应用于电气线路及其他小容量配电线路。但护套线不宜直接埋入抹灰层内暗敷设，且不适用于室外露天场所明敷和大容量电路。

护套线敷设方法：选择好与导线相适宜的线卡，然后用榔头击打线卡上的水泥钉，使线卡牢牢卡住在墙上按线路走向所布置的护套线，如图 3.1 和图 3.2 所示。

二、护套线敷设的工艺要求

①护套线的型号、规格必须严格按照设计图纸规定进行使用。塑料线卡必须与所夹持的护套线规格相对应。

②护套线的敷设应横平竖直，不应松弛、扭曲和弯曲。护套线在同一墙面转弯时，必须保证相互垂直，导线弯曲要均匀，弯曲半径不应小于导线宽度的 3 倍；两根导线相互交叉时，交叉处要用 4 个线卡固定；导线在弯曲前后也要用线卡固定。

③在混凝土结构或预制楼板上敷设护套线时，水泥钉不容易钉入，可用环氧树脂粘接。

④护套线的分支接头和中间接头，应放在开关、灯头盒和插座内，必要时可装设接线盒，以

保证整齐美观。

⑤护套线直接敷设在空心楼板孔内时,应将楼板孔内清除干净,导线的护套层不得损伤,在地下或墙壁内敷设时必须穿管,严禁将护套线直接埋在墙壁或顶棚的抹灰层内。

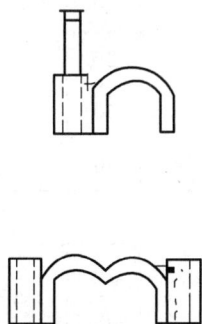

（a）圆形塑料卡钉　　　　（b）方形塑料卡钉

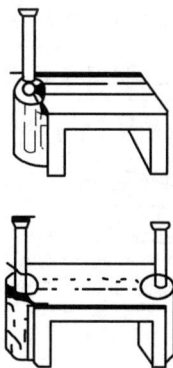

图 3.1　塑料卡钉

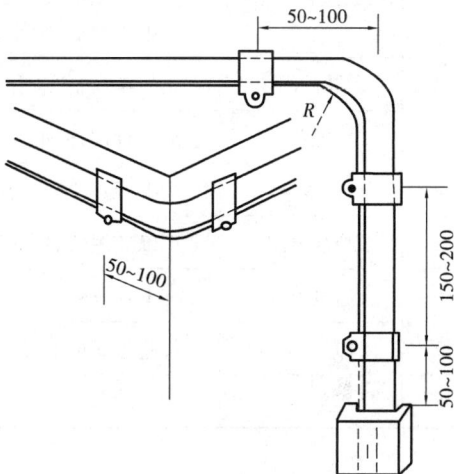

图 3.2　护套线各支点的位置

三、实习内容

护套线布线工作如下所述。

①使用工具:电工常用工具、小榔头、剪刀、万用表、人字梯、卷尺、粉线袋等。

②材料:灯座 1 个、护套线 1 卷、钢钉塑料线卡若干、接线座 3 个、灯泡 1 个、电工辅料等。

③布线施工工序。

a. 绘图定位。根据所给的材料及工作台的大小按指导老师的要求绘制接线图。导线敷设时,可用粉线按照图纸弹出正确合理的水平线和垂直线。

b. 放线。放线时两人合作,一人把整盘线套入双手中,另一人将线头拉直,放出的导线不得在地下拖拉。截取合适的长度并安放在粉线上。

c. 钉线卡。线卡的钉制距离及位置要求为:直线敷设段每隔 150 ~ 200 mm 一处,转角处距离角尖 50 ~ 100 mm 一处,距离开关、插座和灯具木台 50 ~ 100 mm 处钉线卡。同一根导线上固定线卡的钢钉位置应在同一方向。

d. 连线。连接接线盒和用电器的导线。

e. 检查。测导线是否通路,测绝缘电阻值。通电试验。

④考核评分。

塑料护套线配线操作考核评分见表3.1。

表 3.1　考核评分表

班级：　　　　　　　　姓名：　　　　项目:护套线配线操作

序号	内　容	评分标准	分值	得分
1	绘图	图纸不整洁、画错,酌情扣分	10	
2	元器件固定	元件排列整齐、合理,每违反1处扣5分	20	
3	配线	走线合理,横平竖直,每违反1处扣10分	30	
4	钉线卡	线卡固定美观,间距适中。每违反1处扣5分	10	
5	绝缘电阻	正确使用仪表,绝缘电阻符合要求,线路通畅。错1处扣5分	10	
6	通电验收	有1处故障扣5分,发生短路故障记0分	10	
7	时间30 min	每超过5 min扣5分,不满5 min按5 min计算	10	
8	总分		100	

任务二　塑料槽板配线

　　槽板配线就是以各种槽板为导线的支持物固定在建筑物上,将导线敷设在槽板的线槽内,上面用盖板盖住。导线不外露,显得整齐美观。槽板配线主要应用在干燥房间内的明配线路,便于维护和检修。常用的槽板有木槽板和塑料槽板两种,现在木槽板已经很少采用,采用的是塑料槽板,塑料槽板具有美观、耐用、方便、廉价和阻燃(安全)的特点。现已广泛用于明敷施工中。

　　塑料线槽分为槽底和槽盖,施工时先将槽底用木螺钉固定在墙面上,放入导线后再把槽盖盖上。VXC-20线槽尺寸为20 mm×12.5 mm,每根长度2 m。塑料线槽的安装如图3.3所示。示意图中所标的各种附件如图3.3所示。

一、塑料槽板配线的敷设工艺要求

　　①强、弱电线不应同敷于一根线槽内。线槽内电线或电缆总面积不应超过槽内面积的60%。

　　②导线或电缆在槽内不得有接头。分支接头应在接线盒内连接。

　　③塑料线槽敷设时,线槽的连接应无间断;每节线槽的固定点不应少于两个;在转角、分支处和端部均应有固定点,并应紧贴墙面固定。槽底固定点最大距离应根据线槽规定而定,一般为300 mm一处。

　　④线槽敷设时,线槽应紧贴在建筑物的表面,平直整齐;尽量沿房屋的线脚、墙角、横梁等敷设,要与建筑物的线条平行或垂直。水平或垂直允许偏差为其长度的0.2%。且全长允许偏差为20 mm;并列安装时槽盖应便于开启。

　　⑤塑料槽板配线,在线路的连接、转角、分支及终端处应采用相应附件。

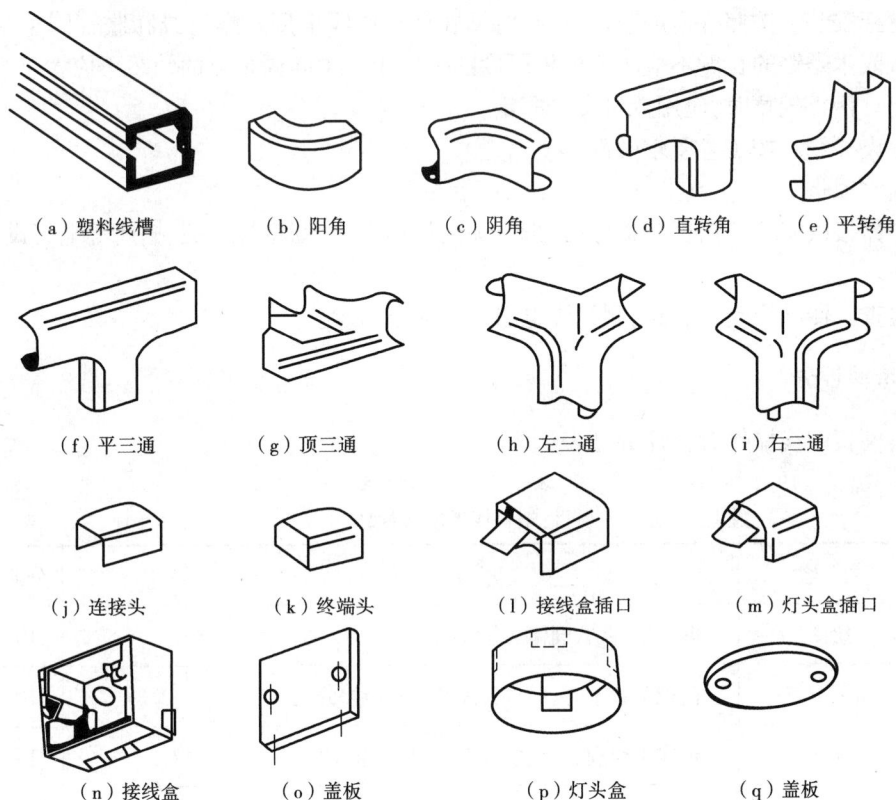

（a）塑料线槽　（b）阳角　（c）阴角　（d）直转角　（e）平转角

（f）平三通　（g）顶三通　（h）左三通　（i）右三通

（j）连接头　（k）终端头　（l）接线盒插口　（m）灯头盒插口

（n）接线盒　（o）盖板　（p）灯头盒　（q）盖板

图 3.3　塑料线槽及附件

⑥当导线敷设到灯具、插座、开关或接头处时，要预留出 100 mm 左右的线头便于连接。不允许在槽板上直接安装电器，安装电器必须用木台并压住槽板头。

⑦槽板配线，不可用于有灰尘或有燃烧性、爆炸性的危险场所。

⑧两根槽板不能叠压在一起使用。

⑨线槽终端要做封端处理。

二、实习内容

塑料槽板布线工作如下所述。

①工具。电工常用工具、钢锯、卷尺、粉线袋、电钻、人字梯等。

②材料。塑料槽板、塑料膨胀管、灯座、开关、插座等，日光灯 1 套、导线及电工辅料等。

三、布线施工工序

①绘制施工图。根据所给材料和指导老师的要求绘制施工图。

②定位并画线。按照施工图在操作台上确定各类电器的位置，然后确定导线的敷设路径以及配线的起始、转角，并用粉袋进行弹线。弹线时，横线弹在槽上缘，纵线弹在槽中央，这样按上线槽就可将粉线挡住。

③槽板下料。根据所画线的位置将槽板截取合适的长度，平面转角处要锯成 45°斜角，下料用钢锯操作。

④槽板安装。按照确定的敷设路径,将槽底靠在粉线上用木螺钉或膨胀管固定在预埋件上。钉子或木螺钉的长度不应小于槽板厚度的一倍半。中间固定点的间距不应大于 500 mm,且要均匀。槽板较宽时,应用双钉交错固定。

⑤敷设导线。按工艺要求敷设。

⑥固定盖板。

⑦电器接线安装。槽板盖盖好后,把有关附件加上,并固定好开关、插座等电气设备,最后进行接线。

⑧检查。测导线是否通路,测绝缘电阻值。通电试验。

四、考核评分

塑料槽板配线操作考核评分见表3.2。

表3.2　考核评分表

班级:　　　　姓名:　　　　项目:塑料线槽配线操作

序号	内　容	评分标准	分值	得分
1	绘图	图纸不整洁、画错。每处扣5分	10	
2	槽板下料	槽板下料不合理、材料浪费。酌情扣分	10	
3	配线	走线不合理、导线放置不均匀,酌情扣分	10	
4	线槽固定	线槽固定可靠、横平竖直、膨胀管间距适中。每错1处扣5分	20	
5	线槽工艺	接口严密整齐、盖板无翘角、导线无外露。每出错1处扣5分	20	
6	绝缘电阻	正确使用万用表,绝缘电阻符合要求。每错1处扣5分	10	
7	通电验收	有1处故障扣5分,发生短路故障记0分	10	
8	时间90 min	每超过10 min扣5分,不满10 min按10 min计算	10	
9	总分		100	

任务三　照明线路的安装

照明线路又称电气照明,所谓电气照明就是利用一定的装置和设备将电能转换成光能,为人们生活、工作和生产提供照明。照明及动力线路所需电能靠输电线路传送,输电线路中,用于室内部分的称为内线,用于室外部分的称为外线。照明线路的安装包括室内布线和照明装置安装两部分。

1.电气照明的基础知识

（1）照明电源供电方式

电力网提供照明电源的电压，我国统一的标准为220 V，照明电源线取自三相四线制低压线路上的一根相线和中性线，作星形连接，构成照明电路的电源线路。电压在36 V 以下的电源称为低压安全电压，一般用在特定场合。

（2）常用照明方式

电气照明按其用途不同分为生活照明、工作照明和事故照明3 类。

①生活照明。生活照明是指人们日常生活所需要的照明，属于一般照明，它对照度要求不高，可选用光通量较小的光源，但应能比较均匀地照亮周围环境。

②工作照明。工作照明是指人们从事生产劳动、工作学习、科学研究和实验所需要的照明。它要求有足够的照度。在局部照明、光源和被照物距离较近等情况下，可用光通量不太大的光源；在公共场合，则要求有较大光通量的光源。

③事故照明。事故照明是指在可能因停电造成事故或损失的场所必须要设置的照明装置。如医院的急救室、手术室、矿井、地下室、公众密集场所等。事故照明的作用是，一旦正常的生活或工作照明出现故障，它能自动接通电源，代替原有照明。可见，事故照明是一种保护性照明，可靠性要求很高，决不允许出现故障。

2.常用照明电光源

（1）常用电光源的种类与特点

自从爱迪生发明白炽灯以来，电光源产品已经历了多次重大发明，各类产品在发光效率、使用寿命和显色性能等方面均得到了较大提高。

根据光的产生原理，电光源主要分为热辐射光源和气体放电光源两大类。

①热辐射光源，包括白炽灯和碘钨灯，它们都是以钨丝为辐射体，通电后使之达到白炽温度，产生热辐射发光。热辐射光源目前仍是重要的照明电光源。

②气体放电光源是以原子辐射形式产生光辐射。气体放电光源又可分为弧光放电和辉光放电光源两种。常见的有荧光灯、高压汞灯和高压钠灯等。

（2）白炽灯

白炽灯属于热辐射光源的灯具，它是利用电流在灯丝电阻上的热效应，使灯丝温度上升到白炽温度而发光的。白炽灯按结构不同可分为卡口灯头和螺口灯头两种，如图3.4 所示。

白炽灯泡的主要工作部分是灯丝，灯丝是用熔点温度很高和不易蒸发的钨制成。40 W 及以下的灯泡内部抽成真空，40 W 以上的灯泡内部抽成真空后又充有少量氩气或氮气等惰性气体，以减少钨丝挥发，延长灯丝使用寿命。

白炽灯是各类建筑和其他场所照明应用最广泛的电光源之一，它作为第一代电光源已有100 多年历史，虽然各种新光源发展迅速，但白炽灯仍然是在不断研究和开发中的光源。这是因为白炽灯具有体积小、结构简单、不需要其他附件、使用时受环境影响小、便于控光、频繁开关对灯的性能和寿命影响较小、价格便宜、光色优良、显色性好、无频闪现象等优点。所以，普通白炽灯常用于日常生活照明，工矿企业照明，剧场、宾馆和商店等照明。但白炽灯发光效率较低，其大部分的电能转化成热能，只有10% 左右的电能转化为光能。

（3）荧光灯

荧光灯又称日光灯。荧光灯是低气压汞蒸气弧光放电灯，也称第二代电光源。与白炽灯相比,它具有光效高、寿命长、光色好的特点,因此在大部分场合取代了白炽灯,是目前室内应用最为广泛的理想光源之一。

①荧光灯的结构与发光原理。荧光灯的基本结构如图3.5所示,主要由灯管灯丝电极组成。灯管内壁涂有荧光粉,将灯管内抽成真空后加入一定量的汞、氩、氖、氖等惰性气体。常见的荧光灯是直管状的,根据需要,灯管也可制成环形或其他形状。灯管内部两端装设有灯丝电极,它是气体放电的关键部件,其性能状况是决定灯寿命的重要因素。荧光灯的灯丝通常由钨丝绕成双螺旋或三螺旋形状,在灯丝上还涂有热发射材料(钡、锶、钙等金属的氧化物)。荧光灯的电极主要用来产生热电子发射,维持灯管的放电。

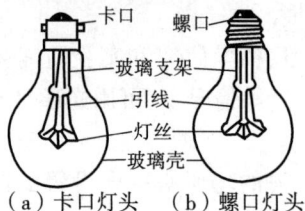

图3.4　白炽灯的构造

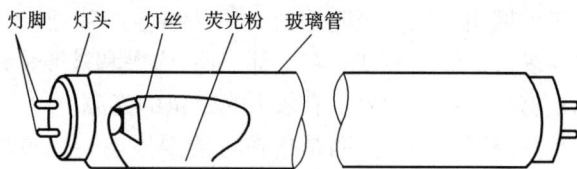

图3.5　荧光灯的构造

②荧光灯的附件有启辉器和镇流器。启辉器的主要元件是一个双金属片和一个固定触点。启辉器的主要工作原理是在灯管刚接入电路时,双金属片和固定触点是分开的,电源电压通过镇流器、灯丝加在两者之间,引起辉光放电。放电时产生的热量使双金属片膨胀向外伸展,与固定触点接触,从而接通电路,使灯丝预热并发射电子,与此同时,由于双金属片与固定触点接触,两点间电压为零而停止放电,使双金属片冷却并复原脱离固定触点,在双金属片断开瞬间,镇流器两端便会产生一个比电源电压高得多的感应电动势,这个感应电动势加在灯管两端,使管内惰性气体被电离而引起弧光放电。随着灯管内的温度升高,液态汞汽化游离,引起汞蒸气弧光放电而发出肉眼看不见的紫外线,紫外线激发灯管内壁的荧光粉后,就会发出近似月光的灯光。镇流器是一个有铁芯的线圈,其作用是在启辉器的作用下产生高压脉冲以助灯的启燃,在工作时用于维持灯管的工作电压和限制灯管工作电流在额定值内,以保证灯管能稳定工作。

③荧光灯的工作电路及正确安装。荧光灯的工作原理图如图3.6所示。其正确安装方法如图3.7所示。启辉器座上的两个接线柱分别与两个灯座的各一个接线柱连接;一个灯座中余下的一个与电源的中性线(零线)连接,另一个灯座中余下的一个接线柱与镇流器的一个线头相连,而镇流器的另一个线头与开关的一个接线柱连接,而开关的另一个接线柱与电源相线(火线)连接。

(4)碘钨灯

碘钨灯也属于热辐射光源。工作原理基本与普通白炽灯相同,但结构上有较大的差别,最突出的差别就是在碘钨灯泡内填充了部分卤族元素或卤化物(即碘),故称碘钨灯。

①碘钨灯的结构及工作原理。碘钨灯一般制成圆柱状玻璃管,两端灯脚为电源触点,管内中心的螺旋状灯丝放置在灯丝支架上,管内充有微量的碘。在高温下,利用碘循环而提高发光效率和延长灯丝寿命,其结构如图3.8所示。碘钨灯的发光原理与接线和白炽灯一样,都是灯丝作为发光体,所不同的是碘钨灯管内充有碘,当管内温度升高后碘和灯丝蒸发出来的钨化合成挥发性的碘化钨。碘化钨在靠近灯丝的高温处又分解为碘和钨,钨留在灯丝上,而碘又回到

温度较低的位置,依次循环,从而提高了发光率和灯丝的寿命。

②碘钨灯照明线路的安装。碘钨灯的安装方法如图 3.9 所示。其接线原理如图 3.10 所示。

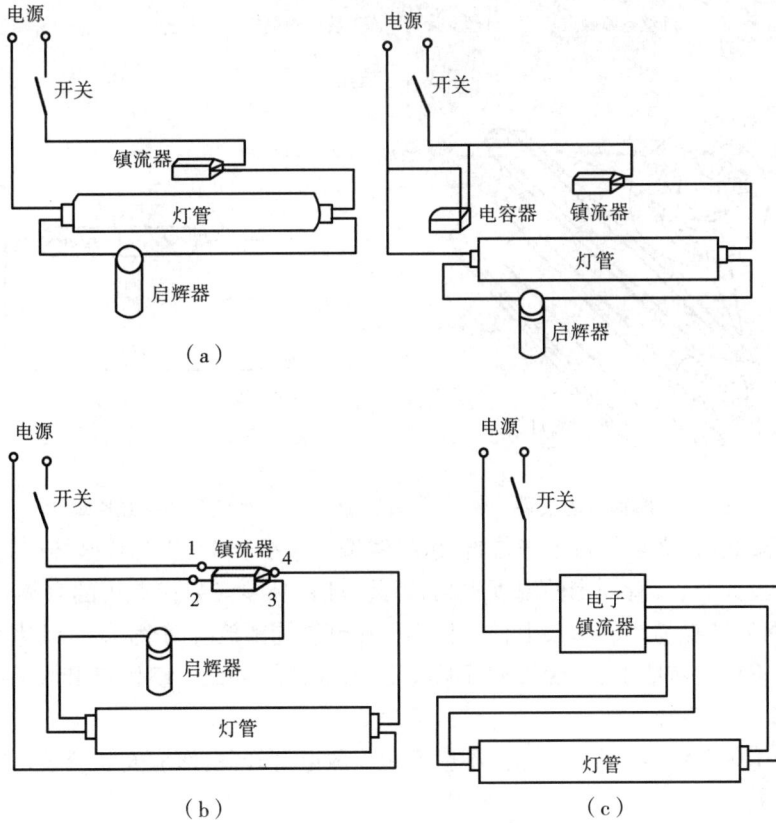

（a）

（b）   （c）

图 3.6 荧光灯的工作原理图

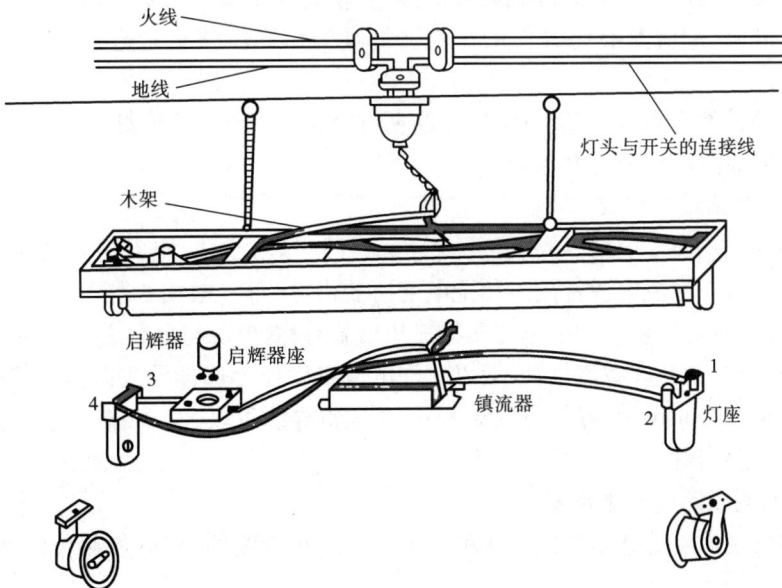

图 3.7 荧光灯的安装

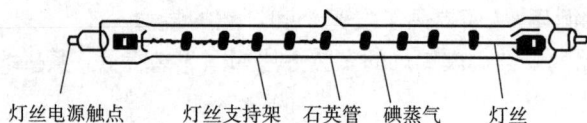

图3.8　碘钨灯

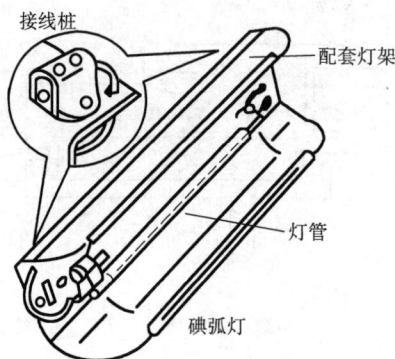

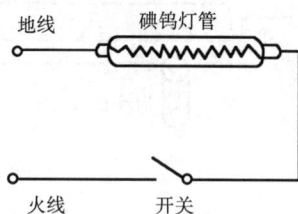

图3-9　碘钨灯的安装　　　　图3-10　碘钨灯的接线原理图

a.碘钨灯安装时,必须保持水平位置,水平线偏角应小于4°,否则会破坏碘钨循环。

b.碘钨灯发光时,灯管周围的温度很高,因此,灯管必须安装在专用的有隔热装置的金属灯架上,切不可安装在易燃的木架上,同时,不可在灯管周围放置易燃物品,以免发生火灾。

c.碘钨灯不可装在墙上,以免散热不畅而影响灯管的寿命。碘钨灯装在室外,应有防雨措施。

d.功率在1 000 W以上的碘钨灯,不应安装一般电灯开关,而应安装胶盖瓷底刀开关。

3.照明灯具

照明灯具是指除电光源以外的所有用于固定和保护光源的零件。它的作用是固定电光源、控制光线;把电光源的光能分配到需要的方向,使光线更集中,以提高光照度;防止眩光及保护光源不受外力、潮湿及有害气体的影响。灯具的结构应便于制造、安装及维护,外形要美观。

照明灯具的种类很多,按安装方法来分主要有吸顶灯、壁灯、镶嵌灯、吊灯、移动式灯具等。

4.室内照明线路的组成与基本形式

(1)室内照明路线的组成

室内照明路线一般由电源、导线、开关和负载(照明灯)组成,电源有直流和交流两种,室内照明主要为交流。交流电源常用三相配电变压器供电,每一根相线与中性线构成一个单相电源,在负载分配时要尽量做到配电变压器三相负载对称,电源与负载之间用导线连接。选择导线时,要注意导线的允许载流量,一般以允许电流密度作为选择导线截面的依据,即明配线路铝导线可取4.5 A/mm²,铜导线可取6 A/mm²,软铜导线可取5 A/mm²。开关用来控制电流的通断。负载即照明灯,它将电能转化为光能。

(2)室内照明线路的基本形式

室内照明线路常见的基本形式有3种。单处控制单灯线路、双处控制单灯线路和安全灯照明线路。

①单处控制单灯线路。这种线路由一个单联开关单处控制一盏灯或一组灯,如图3.11

(a)所示。接线时应将相线接入开关,零线接入灯座,使开关断开后灯座上无电压,确保维修时的安全。这是室内照明线路中最基本、最普遍的一种线路。

②双处控制单灯线路。这种线路由两个双联开关在两处同时控制一盏灯,常用于楼梯或走廊的照明,在楼上和楼下或走廊两端均可独立控制一盏灯。

③安全灯照明线路。电灯工作电压在 36 V 以下的照明灯即称为安全灯。安全灯的工作电压为 36 V,人们使用的市电最小电压是 220 V,那么要得到 36 V 的安全电压,就必须在市电下加装一个变压器,变压器的一次侧接 220 V 电源,二次侧接负载(安全灯),根据变压器的容量可接一组安全灯。

5.室内照明线路的安装要求

室内照明线路的安装要求可概括为 8 个字,即正规、合理、牢固、美观。具体原则如下:

①各种灯具、开关、插座、吊线盒及所有附件品种规格、性能参数,如额定电压、电流等,必须符合使用要求。

②灯具安装应牢固。质量在 1 kg 以内的灯具可采用软导线自身做吊线;质量超过 1 kg 的灯具应采用链吊或管吊;质量超过 3 kg 时,必须固定在预埋吊钩或螺栓上。

③灯具固定时,不应因灯具自重而使导线承受额外的张力,导线在引入灯具处不应有磨损,不应受力。

④灯具的安装高度;室内一般不低于 2.4 m,室外不低于 3 m。如遇特殊情况难以达到上述要求时,可采用相应的保护措施或采用 36 V 安全电压供电。

⑤室内开关一般安装在门边易于操作的位置。拉线开关的安装高度一般离地面 2~3 m,扳把开关一般离地 1.3 m,离门框的距离一般为 150~200 mm。安装时,同一建筑物内的开关宜采用同一系列的产品,并应操作灵活、接触可靠,还要考虑使用环境以选择合适的外壳防护形式。

⑥插座的安装高度距地面应为 1.8 m;低装插座一般离地 0.3 m,并采用安全插座。

⑦导线分支及连接处应便于检查。必须接地或接零的金属外壳应由专门的接地螺栓连接牢固,不得用导线缠绕。

⑧应用在户内特别潮湿或具有腐蚀性气体和蒸汽的场所、易燃易爆场所,以及应用于户外的,必须相应地采用具有防潮或防爆结构的灯具和开关。

6.开关及插座的安装

开关及插座的安装应根据导线的敷设方式而定,即明敷导线的明装方式和暗敷导线的暗装方式两种。

①明装开关和插座时,应在定位处预埋木楔或膨胀螺栓以固定木台,然后在木台上安装开关和插座,如图 3.11 所示。

②暗装开关和插座时,应设有专用接线盒,一般是先预埋接线盒,用水泥沙浆充填抹平,接线盒口应与墙面粉刷层平齐,待穿线完毕后再安装开关和插座,其面板或盖板应端正紧贴墙面,如图 3.12 所示。

③无论明装还是暗装开关,都应该正装,即往上扳是接通电路,往下扳是断开电路。

④安装插座时,插座孔要按一定顺序排列;单相双孔一般都是水平排列,接线时,相线在右孔,零线在左孔,即"左零右火"。单相双孔要垂直排列时,相线孔在上方,零线孔在下方;单相三孔插座,保护接地在上孔,相线在右,零线在左,如图 3.13 所示。当交直流或不同电压等级的插座安装在同一场合时,应有明显的区别,并且插头和插座不能互相插入。

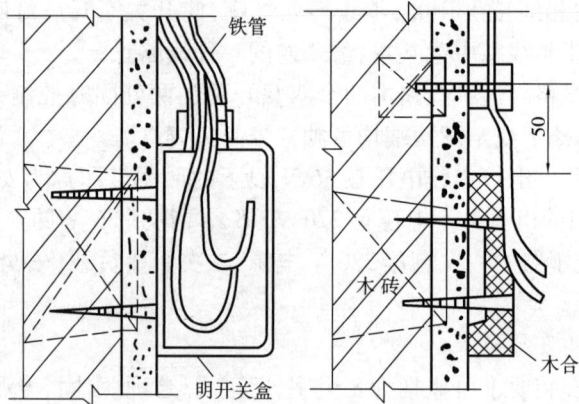

图 3.11　明开关和明插座的安装

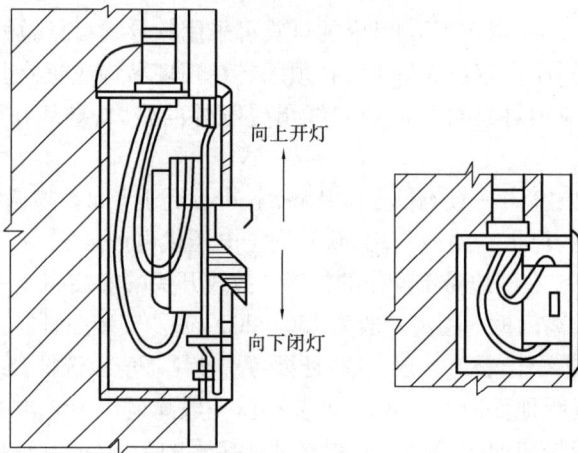

图 3.12　暗开关和暗插座的安装

7.照明线路安装工程的一般工序

照明线路的安装,除了具体的布线及元器件安装外,它实际上是一个系统工程。在进行总体安装时,应该有一个安装程序,称为工序,一般情况下安装工序分为下面几步:

(1)检查

照明线路安装,施工人员应按设计图纸进行操作,所以在施工前首先要对照图纸检查元器件、导线等材料是否符合图纸要求。

(2)定位

按施工图纸要求,在建筑物上确定照明灯具、开关插座、配电装置等设备的实际位置,并标注记号⊙。

(3)画线

在导线沿建筑物敷设的路径上,画出线路走向的色线,并确定绝缘支持物件的固定点,穿墙孔及穿顶板孔的位置,并注明记号⊙————⊙。

(4)凿孔与预埋

按上述步骤标注的预埋件位置,凿孔并预埋木楔等紧固件。

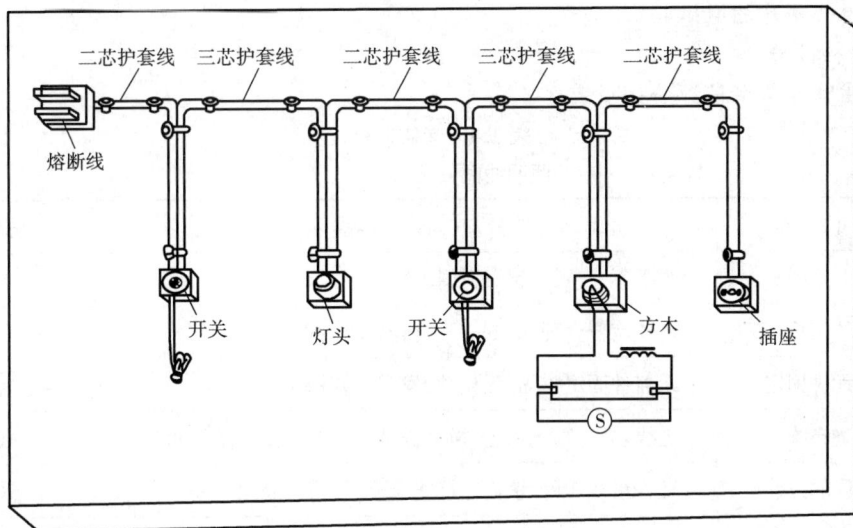

图 3.13　护套线配

（5）安装绝缘支持物

在预埋的位置上，按要求固定线卡或管卡等。

（6）敷设导线

根据布线方式，将导线敷设在导线支持物上，并及时固定。

（7）完成连接

完成导线间的连接、分支和封端，并处理线头绝缘。

（8）检查线路安装质量

检查线路安装质量，包括外观质量，直流电阻，绝缘电阻等。

（9）安装电器

完成线端与设备的连接，原则是先电器后电源。

（10）通电验收

通电试验，全面验收。

8.实习内容

在接线板上安装 1 个开关控制 1 个白炽灯，1 个开关控制 1 盏日光灯，并装有插座的护套线配线，如图 3.14 所示。

（1）实习材料

木制配电板 1 块、圆木 5 块、单联平开关 2 只、双眼插座 1 只、螺口灯头 1 只、挂线盒 1 只、瓷插式保险 2 只，小铁钉、小螺钉若干，护套线若干。

（2）实习步骤

①定位及画线。

②固定钢精轧头。

③敷设导线。

④固定熔断器、木台、开关插座、灯座及挂线盒。

⑤安装日光灯并接到挂线盒上。

⑥检查线路并通电试验。

（3）考核评分

照明线路安装考核评分表见表3.3。

表3.3 考核评分表

班级：　　　　　姓名：　　　照明线路安装

序号	内　容	评分标准	分值	得分
1	绘图	图纸不整洁、画错,酌情扣分	5	
2	定位	整体定位合理、美观。不符合要求酌情扣分	10	
3	元件固定	元器件固定牢固,无松动,发现1处扣5分	10	
4	布线	走线合理、剥皮适当、横平竖直。不符合要求酌情扣分	10	
5	日光灯接线	灯管接线5分,镇流器接线5分,每错1处扣5分	20	
6	导线连接与绝缘处理	接线方法正确,工艺美观,5分,绝缘包缠方法正确5分,不符合要求1处扣5分	20	
7	检查	正确使用摇表,绝缘电阻符合要求,错1处扣5分	5	
8	通电验收	有1处故障扣5分,发生短路故障记0分	10	
9	时间120 min	每超过10 min扣5分,不满10 min按10 min记	10	
10	总　分		100	

项目四
照明电路及灯具的检修

任务一　照明电力运行与维护

照明装置是指供给照明电器用电的电气设备总体,包括电源设备、开关、控制设备、线路、保护以及各种形式的照明灯具。

一、运行管理

①对于用电容量较大的且以照明用电为主的单位,例如商场、饭店、办公大楼等场所,应建立、健全照明装置的技术管理资料,如供电系统图,电气线路竣工图,检修、检查、试验记录等。

②运行中,经过照明设备的大修变更设备、变动配电线路路径以及变更导线截面之后,均应修改相应的电气图纸及资料。

③对于易燃、易爆等场所的照明装置,应根据实际情况,制订对设备的巡视和检查周期,一般每季度不少于1次。

④运行中,室内配线增加了照明设备后,均应验算原(设计)安装的导线、开关、熔断器是否满足技术规定,同时将安装日期、接用容量及施工单位、人员等做详细记录。

⑤对特殊型式的照明灯具及其附件、开关、熔断器等应有一定数量的备品备件。

⑥节日彩灯在使用前应进行全面的绝缘检查和安装质量检查,使用后应及时将电源断开。

二、照明装置的巡视、检查周期

照明装置应进行定期和不定期的巡视、检查。

①每年二季度初,应做好雨季前的检查和检修工作;三季度初,应做好雷雨季度中的检查,冬季做好防寒防冻的检查。

②暴风雨及大风后应做特殊的巡视和检查工作。

③对特殊用电场所的检查周期应根据具体情况确定。

④对在天花板上安装的吸顶灯及日光灯镇流器等发热元件,应在运行1年后进行抽查,检查有无烤焦木托等现象,必要时对全部照明灯具加强防火措施。

⑤对一般的照明装置,应每月巡视 1 次,对重要场所还应增加夜间巡视,暴风雨或冰雹后还应对室外照明设备进行特殊巡视。

⑥对车间布线的裸母线、分电箱、闸刀箱,每季度进行 1 次停电清扫检查。500 V 以下屋顶内的母线及铁管配线,每年应停电检查 1 次。

⑦行灯变压器及各种手动工具,如手电钻、砂轮等在使用前应进行检查,手动工具的导线绝缘如有破损,应立即包扎或换线。

三、照明配电盘(箱)的检查

为了便于对照明电路的操作控制,做好运行维护和检查工作,不论在总配电室或车间内,都应设置单独的照明配电盘(箱),以区别对其他供电控制盘。照明盘上一般装有控制开关、刀闸、瓷插式熔断器、照明电度表及附件和指示灯等电器。总控制设备的选用是由照明容量的大小来决定。照明容量大时,可用空气开关或铁壳开关;容量较小时或作为分支线路上的控制,可用胶盖闸刀;如需远程控制,则可选用交流接触器。照明电路的保护设备,可根据容量大小选用热继电器、熔断器(如 RC 型、RM 型或 RTO 型)等元件。

配电盘(箱)上的总闸、分闸、熔断器等排列应有次序,各路指示仪表的装设应与控制设备相对应,不可相互交叉,每路均应标示负荷地点的名称。所有控制闸等电器的外观应完整、整洁,导电部位的闸口、触片、接点应连续紧密,所控制的负荷电流应在其额定值内。

照明配电盘(箱)的操作巡视通道不应堵塞。配电盘(箱)内应事先准备好适当数量的备品熔管、熔体,以便及时恢复供电之用。

照明配电盘(箱)的检查项目如下所述。

①导电部分的各接点处是否有过热或弧光灼伤现象。

②各种仪表及指示灯是否完整,指示是否正确。

③胶盖闸刀及瓷插式熔断器的外绝缘有无短缺和损坏,内部因熔体熔断而形成的积炭应及时清擦掉。

④熔断器内熔体的容量是否与负荷电流相适应。一般照明电路的熔体容量不应超过负荷电流的 1.5 倍,并应与导线截面相校核,禁止用任何金属丝代替熔体使用。

⑤箱门是否破损,户外照明箱有无漏雨进水现象。

⑥铁制照明箱的外皮是否可靠接地。

⑦备品备件的数量和规定是否符合运行要求。

必须指出的是,所在车间电气的检查维修工作都应做好安全措施,严格遵守电气安全工作规程的规定,以免发生人身和设备事故。

四、照明电路的维护

(一)照明电路的检查

照明电路安装完毕后,要经过检查才能接上电源。检查内容如下:

1.用高阻表检查电路的绝缘性能

①卸下电路里所有的用电器。

②放平表身,掀起表盖,接上两根装有试测棒的引线。

③使两根测试棒互相接触,这时指针应回到"0"点。

④将两根测试棒接触电路里的两个保险盒的下接线桩头,检查两线间的绝缘电阻。

⑤用一根测试棒接触一个保险盒的下接线桩头(另一个保险盒也要检查),用另一根测试棒接触接地的物体,检查电路和建筑物之间的绝缘电阻。一般来说,装有分路的每条电路的绝缘电阻不得低 0.5 MΩ,否则说明绝缘不良,通电后会出现漏电现象。

2. 检查电路的安装技术

一般应检查下述内容:

①电路连接处绝缘带包扎得好不好,或有没有漏包。

②在多线平行的干线上分接支路时,有没有接错,应套瓷管的地方有没有漏套。

③电线的支持物如瓷夹、木槽板等有没有漏装,有没有装好。

④电线(特别是铝芯电线)的线头和电气装置的接线桩有没有接好。

⑤电气装置的盖子有没有盖上。

⑥电度表的接线有没有接好,有没有接错。

(二)照明电路的接电

如果全是新的电路,须由供电单位委派人员来承接。如果仅是用户内部扩大电路,也是就把新装的支路连接到原有的电路上,则可由用户自行接电。不过,应当注意:

①扩充的支路负载必须在电度表容量范围以内。

②在接电前,要将原有电路的总开关拉开,并将所有熔丝盒的插盖都拔下,使所有的电路都脱离电源。

③进行接电操作。如果新接的支路负载较大,或装有分表,或原有电路上已装足 20 盏灯,则应自成一个分支电路,要另装两个分路熔丝盒。将它们的两个上线接线桩头相应地连接到总开关的两个下接线桩头上。如果新装的支路负载不大,或因其他原因而需要在熔丝盒下接线桩头上接线时,则应把支路的相线头与原有电路相线线头绞合起来,接在一个熔丝盒的下接线线桩头上,然后将各支路和原有电路的另外两个线头绞合,接在另一个熔丝盒的下接线桩头上。如果新装的支路负载较小,譬如说只有一两盏电灯,一般可把支路直接接在原有电路上,但接电时也应单线操作,即先把一根干线的绝缘层剥去,把一个支路线头接上去,包好绝缘带,再按同样的方法接另一个线头。

(三)照明电路的校验

照明电路接电完毕后,要经过校验才能推上总开关使用。在校验电路前,应先安放熔丝:

①将熔丝盒的插盖拔下,放松盖上的接线桩头的螺丝。

②将熔丝的一端按顺时针方向绕在一个螺丝上旋紧;然后把熔丝顺着槽放(注意:槽两边的熔丝应凹下,以防插入时被盒身的凸脊切断),将它的另一端也按顺时针方向绕在另一个螺丝上旋紧。

五、照明装置的检查项目

①检查照明灯具上灯泡容量是否超过额定容量,100 W 以上灯具的灯口应使用瓷质灯口。

②检查照明灯具的开关是否断相线,螺口灯相线和中性线接法是否正确。

③检查灯具各部件有无松动、脱落、损坏,应及时修复或更新。

④检查局部照明用降压变压器一次侧引线的绝缘有无损坏,如有损坏应及时修好或更换绝缘良好的引线。

⑤检查照明设备的保护熔丝有无烧损、熔断,接触是否良好,熔丝的额定电流不应超过照明设备额定电流的1.5倍。

⑥检查照明装置的金属外壳、构架、金属管、座等需要进行保护接地的部分,接地线是否良好,有无漏接、虚接以及断线,发现问题及时修复。

⑦检查照明灯具的灯泡、灯管及灯口等附件有无损坏。

⑧检查插座有无烧伤,接地线的位置是否正确,接触是否良好。

⑨室外照明灯具有无单独的熔丝保护。

⑩露天处所的照明灯具、灯口、开关是否采用瓷质防水的灯口和开关。

⑪室外照明灯具的开关控制箱是否漏雨,灯具的泄水孔是否畅通,并应清除灯具的杂物。

照明装置的维护及检修的内容见表4.1。

表4.1 照明装置的维护及检修

设备名称	维护周期	维护内容	检修周期	检修内容
照明配电箱	1月	(1)检查箱体完好情况,清扫积灰 (2)检查接触器的触点应无损伤 (3)紧固各接线接头 (4)检查熔丝完好情况 (5)用兆欧表测试外壳接地电阻,应小于10 Ω (6)试合接触器开关	不定期	(1)箱体如有锈斑,应清除并涂防锈漆 (2)接触器接头有烧毛现象,要用细砂纸打光
灯具与光源	半年	(1)不定期清扫灯具外表面、反光面及灯泡上的积灰和污垢 (2)紧固灯头及各部分的接线接头,检查各部分绝缘良好情况 (3)紧固各部分的螺丝 (4)如果是密封型灯具,应检查其密封情况,应不渗水,外玻壳不应有裂痕	不定期	(1)发现白炽灯外玻壳发黑、气体放电灯发光暗淡,说明该灯泡的发光效率已大大降低,应换上新灯泡 (2)灯具应视其油漆脱落情况,及时涂覆刷漆
灯架与灯杆	半年	(1)检查灯架外观的锈蚀 (2)铁箍是否服帖,螺栓是否完整,不应松动,不应锈蚀 (3)灯杆无倾斜。水泥杆应无钢筋外露,金属杆应无锈蚀	5年	(1)灯架与钢杆应以5年为周期刷油漆一次 (2)油漆前,应先紧固各部位螺丝

六、照明设备的故障处理

照明设备的故障一般有两种情况:第一种情况是整条照明线路上的灯全部不亮,其检查及处理方法可参考表4.2;第二种情况是整条照明线路上的灯只坏一盏或数盏,处理方法可参考表4.3。当发生的故障原因为照明线路中有短路或开路时,其处理的方法与第一种情况是相同。

表 4.2　照明装置的故障修理

故障现象	原　因	修理方法
整条照明线路上的灯全部不亮	照明配电箱无电	接上低压电源
	照明配电箱内接触器、开关、熔丝等触点接触不良	调换或修理触点
	电源开路(包括相线或中性线断路)	首先用验电笔或万用表检查总熔丝下接头：如有电，再用校验灯检测；如校验灯亮，说明进线正常；如不亮，则说明进线(包括熔丝)有故障，应进行修复。接着用验电笔(或电表)分别测试各段相线，如有电，再用校验灯校验；一端接相线，另一端试接各段中性线，如校验灯亮，说明中性线正常；若不亮，说明该中性线断路，应予检查接通
灯全部不亮且熔丝熔断	电路短路	(1)相线熔丝熔断：①取下中性线熔丝；②在相线熔丝两端并联 100 W 校验灯 1 只；③放上相线熔丝，如校验灯亮(相线熔丝熔断)说明相线有碰接地装置的故障，可解开相线，缩小范围按照上述方法再试，最后找出故障点，予以修复；如校验灯不亮(熔丝不断)，修改方法同(2)
		(2)中性线熔丝熔断：①取下相线熔丝；②放上中性线熔丝；③把校验灯的一端接电源，另一端逐一试接断开的相线，在灯亮的一段线路中进行短路点校验，予以检查修复

注：照明线路的各段故障通常发生在灯头、开关、接线盒以及线路的各连接点，应预先检查。

任务二　照明灯具的故障维修

电气照明用电光源有白炽灯、荧光灯、碘钨灯、高压水银灯、钠灯、金属卤化物灯等。电气照明设备的故障常常表现为灯泡不亮、灯泡亮度降低、灯泡烧毁等。修理这些电气故障，首先应区分是个别灯泡故障还是大部分灯泡故障。如果为后者，应从照明电器线路及电源入手；如果为前者，则应从灯泡本身的故障入手。

一、白炽灯的检修

白炽灯的故障检修见表 4.3。

表 4.3　白炽灯的故障检修

故障现象	原　因	检修方法
开始灯就不亮	(1)未接通电源或电线内的芯线断路 (2)开关、灯头和接线盒接线不佳 (3)运输、安装时灯丝折断 (4)灯头和灯座接触不良	(1)用万用表检修电源电路 (2)检查接线端 (3)更换新灯泡 (4)调整灯座插头或调换新灯座

续表

故障现象	原　因	检修方法
灯泡忽亮忽暗或忽亮忽熄	(1)灯座开关等处接线松动 (2)熔丝接触不牢 (3)灯丝正好中断在挂灯丝的钩子处，受振后忽接忽离 (4)电源电压不正常或附近电动机对接入电源的影响 (5)电路接头松动	(1)检查加固 (2)换新灯泡 (3)不必修理 (4)重接
灯光强白	(1)灯泡灯丝短路(俗称搭丝)，从而电阻减小，电流增大 (2)灯泡额定电压与电源电压不符	(1)换新灯泡 (2)换适当灯泡
灯光暗淡	(1)灯泡内钨丝蒸发后积累在玻璃壳内，这是真空灯泡寿命终止的正常现象 (2)灯泡老旧，灯丝逐渐蒸发变细，从而灯丝电阻增大，电流减小 (3)电源电压过低 (4)线路因潮湿或绝缘损失而有漏电现象	(1)更换灯泡 (2)换新灯泡 (3)不必修理 (4)检查线路，隔绝漏电或换新线
灯泡光线闪亮，并在灯光或开关中出现火花	线路中某一地方接线欠佳	检修电路并重接
开关外壳麻电	(1)外壳有水或受潮后漏电 (2)外壳油污尘埃太多吸潮后漏电 (3)胶木外壳质量欠佳	(1)擦去水迹并烘干 (2)清洗并烘干 (3)调换开关，建议使用拉线开关
灯泡破裂	(1)有水滴在泡壳上 (2)与物体接触 (3)灯具与泡壳互相接触 (4)灯泡质量欠佳	(1)采用防滴灯具或加挡雨装置 (2)加防护网罩 (3)调换安全位置 (4)更换灯泡

二、荧光灯的检修

荧光灯的工作电路有预热式、快速启动式和瞬间启动式。

(一)荧光灯的特性

①电源电压对荧光灯工作特性的影响。电压升高，灯管电流增加，寿命大大缩短；电压降低，灯管不易启动，反复多次启动，也将使灯管寿命降低。

②环境温度对荧光灯工作特性的影响。环境温度升高，灯管内水银蒸气压力升高，有利于

灯管内气体放电,便于启动,发光效率提高;但是高温对灯管的使用寿命也有不利影响。对常用的 40.5 mm 的灯管,环境温度为 25 ℃,冷端温度为 38~40 ℃时,灯管工作性能最好。

荧光灯的故障主要表现为灯管不能启辉、灯光闪烁不止、灯管不能熄灭等。

(二)荧光灯故障修理

荧光灯接入电路,闭合开关,但灯管不发光,说明灯管没有工作。

首先用验电笔、万用表、试灯检查电源电压,确定有电后,闭合开关,这时可先转动启辉器,检查启辉器是否接触良好。如果没有反应,可将启辉器取下,先看启辉器座内弹簧片弹性是否良好,位置是否正确,如图 4.1 所示,若不正确可用旋具拨动,使其复位,启辉器座损坏严重的应进行更换。

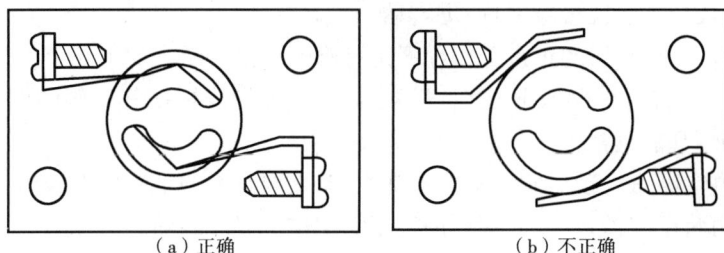

（a）正确　　　　　　　　　　　　　　　　（b）不正确

图 4.1　启辉器座故障

启辉器若没有问题,可用验电笔检查启辉器座上有无电压,也可用万用表交流电压 250 V 挡检查启辉器座两端有无电压,如有电压,启辉器损坏的可能性很大,可以换一只启辉器再试。也可用尖嘴钳,手握绝缘柄将钳口适当张开,碰触启辉器上的两张金属片,如果灯管两端发光,则迅速将尖嘴钳撤离,灯管就会点亮。也可用一段两端剥掉绝缘的导线进行以上动作。

若测量启辉器座上无电压,应检查灯脚与灯座是否接触良好,可用两手分别按住两只灯脚挤压,或用手握住灯管转动一下。若灯管开始闪光,说明灯脚与灯座接触不良,可将灯管取下来,将灯座内弹簧片拨紧,再装上灯管。若灯管仍不发光,应打开吊盒,用验电笔或万用表检查有无电压。如线路上有断路处,可用验电笔检查吊盒两接线端,如验电笔均发光,说明吊盒之前的中性线断路。

若吊盒内电压正常,用万用表 $R×1$ 电阻挡检查灯管两端灯丝是否已断开,正常灯丝冷态电阻值见表 4.4。也可用串灯或干电池小灯泡检查,若灯泡发光则说明灯丝完好。若出现灯丝与灯脚脱焊,可用电烙铁进行补焊,也可将灯头轻轻撬下,重新焊好后再用胶粘牢即可。

表 4.4　荧光灯灯丝冷态电阻值

灯管功率/W	6~8	15~40
冷态电阻/Ω	13~18	3.5~5

灯管若无问题,可将灯座拆开,检查接线是否完好,若无问题,再检查镇流器,将镇流器从线路中拆下,用万用表 $R×1$ 或 $R×10$ 电阻挡测量镇流器的冷态电阻值,其值见表 4.5。若镇流器内部断线,应更换镇流器。

有时也可将灯管取下来调换方向即可点亮。当灯丝一端脱落后,也可用一根软铜线将灯管两脚短接,仍可使用一段时间,但寿命不会很长。

表4.5　镇流器冷态电阻值

镇流器规格/W	6～8	15～20	30～40
冷态电阻/Ω	80～100	28～32	24～28

(三)灯管完全不发光的修理

①电源断开,如熔丝熔断、线路断线等。

②接触不良。

a.灯管两端电极与灯座间接触不良,可转动一下灯管或扳动一下灯座。

b.启辉器电极与其底座接触不良,可转动一下启辉器。

③启辉器损坏。启辉器的正常工作程序是启辉—短接—断开3个环节。短接与断开可用如下简单方法检查:将启辉器取下,合上开关后,用一段导线短接其底座的两电极,经1～3 s后,迅速断开,如灯管能正常工作,说明原启辉器已损坏。

在实际使用中,经常发现启辉器不能正常工作,是因其中的纸介质电容器受潮后击穿。如属于这种情况,可将电容器除去,启辉器还能正常工作,不过,启动时对无线电有所干扰。可用一开关或按钮判断启辉器是否已损坏。按图4.2接线,先合开关 SA,再合开关 SB,待2～3 s后,断开 SB,如果灯管能正常工作,说明启辉器已损坏。

④镇流器损坏。如果镇流器内部断线或短路,将使电路不通,或者不能感应一个适当的高压,因而灯管不能正常启动。

⑤灯丝烧断。对于两端变黑的灯管,不能起燃的原因是灯丝已烧断,检查其是否烧断,只要用万用电表 $R \times 1 \ \Omega$ 挡测量一下便知。

灯丝烧断(无论是单侧还是双侧烧断),采取一定的措施,一般还可以使其恢复一段时间的正常工作。这也是检查灯管灯丝是否烧断的方法,常用的方法还有短接法和谐振法。

a.短接法。由于灯丝电阻很小,所以对侧烧断的灯丝,可用一根导线将已断灯丝的两极短接起,即能继续使用,但启动时间略长。

b.谐振法。加装一扳钮开关 SB,按图4.3所示接线。操作程序是:启动时,SB 扳向2,电源电压加在镇流器 L 与电容器 C 上,由于 L、C 阻抗的相反性质,产生一定的谐振作用,阻抗值变小,电流较大,然后将 SB 扳向1,在这一瞬间镇流器感应到一个很高的电压,使灯管正常工作。

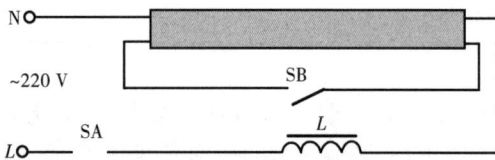

图4.2　启辉器故障的判断方法
　　SA—原开关;SB—短接开关

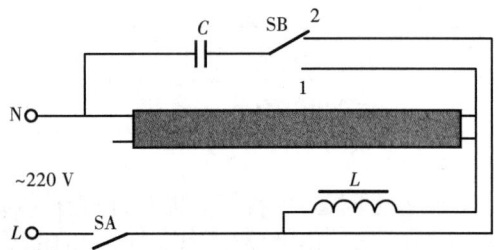

图4.3　谐振法查找灯丝烧断的故障

上述可能的故障,用万用表的欧姆挡进行检查,镇流器是否断线,灯管灯丝是否完好,当万用表表棒与两端灯管的管脚接触时,欧姆挡指针偏转指在 0 Ω 处,以同样方法检查另一端,欧姆挡指在 0 Ω 处,这表示灯管完好,以同样的方法检查镇流器两个引出线头(或 4 个引出线头),欧姆挡指针在读数处(镇流器容量大小不同显示的欧姆数也不同),也可用万用表 $R \times 10$ kΩ 挡检查线圈是否与外壳短路,若指示电阻值符合绝缘要求标准时,表示绝缘完好;指针指在 0 Ω 处,表示线圈与外壳短路。再将灯管装在灯架上,检查管脚与灯座接触是否良好,或用一根绝缘电线的铜丝将启动器座上的两上触点短路,若此时灯管两端发亮,可能是启动器有故障或灯管接触不好。

日光灯的故障检修方法见表 4.6。

表 4.6　日光灯的故障检修方法

故障现象	故障原因	检修方法
荧光灯、启辉器全不工作	(1)供电电压太低 (2)镇流器不配套 (3)接线错误或接线不佳 (4)启辉器已坏	(1)调整电源电压 (2)换上合适的镇流器 (3)改正接线 (4)更换启辉器
启辉器能工作,灯管不亮	(1)环境温度低 (2)灯管质量不好或寿终	(1)将镇流器启动方式改为快速启动 (2)更换新管
不能发光,或发光困难	(1)电源电压太低或线路压降大 (2)启辉器老化损坏或内部电容短路,或接线断路 (3)如果是新装日光灯,可能接线错误或灯座灯接触不良 (4)灯丝熔断或灯管漏气 (5)镇流器配用不合适或内部接线不牢 (6)气温过低	(1)调整电源电压或加粗导线 (2)检查后更换新启辉器或电容再试 (3)检查线路或接触点 (4)用万用表或小电珠串联测试 (5)检查、修理或换新 (6)灯管加热、加罩或换用低温管
灯光抖动及灯管两端发光	(1)接线错误或灯座灯脚等接头松动 (2)启辉器内电容器短路或接触点跳不开 (3)镇流器配用不合适或内部接线松动 (4)电源电压太低或线路电压降大 (5)灯丝上电子发射物质将尽,以至不能再产生放电作用 (6)空气温度过低 (7)灯管老化将终	(1)检查接线和接头 (2)更换启辉器 (3)检查加固,或更换适当镇流器 (4)检查线路及电源电压,调整电压或加粗线路 (5)换新灯管 (6)加热、加罩 (7)换新灯管
灯光闪烁	(1)新灯管的暂时现象 (2)单根管常有的现象 (3)启辉器损坏或接触不良 (4)内部接线不牢或镇流器配用不合适	(1)开关几次即可消除 (2)如有可能改装双灯管 (3)换新启辉器 (4)检查加固或更换适当的镇流器

续表

故障现象	故障原因	检修方法
灯管两头发黑或生黑斑	(1)灯管老化,寿命将终的现象 (2)如是新灯管,可能因启辉器损坏,以致阴极发射物质加速蒸发 (3)灯管内水银凝结,是细灯管常见现象 (4)电源或线路电压太高 (5)启辉器不良或接线不牢,接线错误引起长时间的闪烁 (6)镇流器配用不合适	(1)换新灯管 (2)更换新启辉器 (3)启动后能蒸发,将灯管旋转180° (4)测量电压并加以调整 (5)更换新启辉器,检查接线 (6)更换适当的镇流器再试
灯管光度低或色度有差别	(1)灯管老化,使用日久的必然现象 (2)空气温度降低,或冷风直吹灯管 (3)线路电压太低,或线路压降太大 (4)灯管上积垢太多	(1)更换新灯管 (2)加防护罩,或回避冷风 (3)检查电压及线路用线径 (4)洗涤灯管
无线电干扰	(1)同一电路灯管反放射电波的辐射 (2)收音机与灯管距离太近 (3)镇流器质量不佳	(1)电路上加装电容器,或进线上加滤波器 (2)增大距离 (3)换一只试验
杂声及电磁声	(1)镇流器的质量较差,或铁芯硅钢片未夹紧 (2)线路电压升高或过高而引起镇流器发出声音 (3)镇流器过载,内部短路 (4)镇流器有微弱声响,但影响不大 (5)镇流器受热过渡 (6)启辉器不良,引起开启时辉光掺杂	(1)调整镇流器铁芯间隙 (2)测试电压并设法降压 (3)修理或重换 (4)系正常现象,可用橡皮衬垫,以减少振动 (5)检查受热原因 (6)更换启辉器
镇流器受热	(1)灯架内温度过高 (2)电路电压过高或容量过载 (3)内部线圈或电容器短路,或接线不牢 (4)灯管闪烁时间或连续使用时间过长	(1)改善装设方法 (2)检查纠正或调换 (3)修理或更新 (4)检查闪烁原因或减少连续使用时间
灯管寿命短	(1)镇流器配用不合适或质量较差,以致电压失常 (2)开关次数过多或启辉器不良,引起长时间闪烁 (3)受剧振,以致灯丝振断 (4)新装灯管因接线错误或一端单独接电源而烧毁	(1)选用合适的或质量较好的镇流器 (2)减少开关次数,或及时检修闪烁原因 (3)换灯管及改善安装位置 (4)改正接线或重换新管

三、碘钨灯的修理

碘钨灯的发光原理与白炽灯类似,所不同的是在管内充以微量的碘,由于碘与钨的循环化学反应能使管内温度升高至 3 000 ℃,管壁温度可超过 500 ~ 700 ℃,大大提高了钨丝的发光效率。同时,由于钨能循环还原,消耗量减少,所以灯的寿命可延长至 1 500 h 左右。

碘钨灯较白炽灯使用寿命长,但在有些情况下,碘钨灯灯管容易烧坏,甚至发生爆炸。维修这些故障主要应从以下几方面去分析。

①安装不够水平。由于安装不够水平,使碘沉积在管的下端,碘钨不能很好地循环,钨丝在高温下蒸发消耗极快,从而大大降低了碘钨灯的使用寿命。因此,有关规程规定:碘钨灯安装的倾斜度不得大于 4°。

②碘钨灯处于高温环境中,通风散热不良,容易引起灯管寿命降低。

③灯管表面有油脂类物质。油脂在高温下变成炭,炭与石英管发生化学反应,将影响灯管的寿命。因此,在第一次使用前,一定要用干净布将灯管擦拭干净。

④灯管电极与灯座接触不牢,产生高温或电火花,烧坏接点,灯管不能正常工作。

⑤灯管灯丝很脆,如使用在振动场所,或不慎碰撞,都容易使灯丝断裂而损坏。

四、高压水银灯的修理

高压水银灯是在荧光灯的基础上发展而来的一种气体放电光源。荧光灯管内是低压气体,而高压水银灯在工作时灯泡内可产生 202 ~ 506 kPa 的压力。高压水银灯有自镇流器式和外镇流器式两种。

灯泡烧坏,启动困难,发光效率降低。故障原因及查找方法如下:

(1)灯泡不正常烧坏

①镇流器有故障,例如短路或减少了限流作用。

②散热不良。高压水银灯工作时表面温度可达 100 ℃ 以上,没有良好的通风散热条件,工作寿命会降低。

(2)启动困难。正常情况下,高压水银灯启动需 5 min 左右。当灯熄灭后,或者当灯泡壳内压力超过某一数值时,弧光自动熄灭,须待冷却 5 ~ 10 min 管内蒸气压力降低后方能再启动。如果灯泡陈旧,或电源电压低,或内部有故障(如辅助电极已断),都将使灯泡启动困难。

(3)发光效率降低。发光效率降低的一个主要原因是灯泡没有垂直安装,影响了内部荧光物质的正常激发。经验表明,横向安装的高压水银灯,其发光效率可降低 50%,稍有倾斜,发光效率也会降低。

五、三基色节能荧光灯的修理

三基色节能荧光灯具有光色柔和,显色性好的优点,管内壁涂覆有稀土三基色荧光粉,发光效率可比普通荧光灯提高 30% 左右,是白炽灯的 5 ~ 7 倍。工作原理与普通荧光灯相似,可与电感型镇流器配套使用(要配启辉器),也可与电子镇流器配套使用(不配启辉器)。常用的有直管型、单 U 型、双 U 型、2D 型、H 型等。

H 型节能荧光灯常见故障与处理方法见表 4.7。

表4.7 H型节能荧光灯常见故障与修理

故障现象	故障原因	修理方法
灯不亮	(1)灯丝已断 (2)接线有断路	(1)用万用表检查灯丝,若已断应更换荧光灯 (2)先用铝壳或塑料壳把连接处轻轻撬开,再用电烙铁把灯脚焊锡烫开,取下塑料壳才能进行测量
启动困难	(1)灯管质量不好 (2)镇流器质量不好 (3)电源电压过低 (4)环境温度较低	(1)更换灯管 (2)更换镇流器 (3)提高电源电压 (4)采取相应的防潮措施
灯光暗	(1)电源电压过低 (2)灯管衰老	(1)提高电源电压 (2)当发现玻璃管靠近灯丝部位有黑斑时,说明灯管老化,应予更换
灯不启动,尾部发红	启辉器故障	用手指轻轻弹击塑料壳部位,有可能恢复工作;或更换启辉器
镇流器过热	线圈局部短路	更换镇流器

任务三 照明电路、开关故障检修

照明电路可能发生的故障很多,归纳起来主要有短路、断路和漏电3种。

一、照明电路短路修理方法

(一)故障现象

短路时电流很大,熔丝迅速熔断,电路被切断。如果熔丝太粗不能熔断,则会烧坏导线,甚至会引起火灾。

(二)故障原因

①接线错误,相线与中性线相碰接。
②绝缘导线的绝缘层损坏,在破损处碰线或接地。
③用电器具接线不好,接线相碰;或不用接头,直接将导线插入插座内,造成混线短路。
④用电器具内部损坏,导线碰到金属外壳上。
⑤灯头内部损坏,金属片相碰短路。
⑥房屋失修或漏水,造成线头脱后相碰或接地。
⑦灯头进水等。

(三)检修方法

如果熔丝连续熔断,切不可用金属丝或粗熔丝代替,必须找到短路点,排除短路故障之后才可送电。

①如果在同一线路中,只要某一灯的一开关发生短路故障,则应检查故障段电路。

②检查重点为灯头、电源插头、用电器具的接线端头。

③禁止直接用导线插入插座,导线接头处应包扎好,金属不得裸露。

④更换损坏了的灯头、开关和接线。

⑤灯头用开关必须保持干燥,不得进水。

如果采用观察法不能找到短路点,则可用万用表的欧姆挡在断电情况下进行电路分割检查,测量电阻,找到短路原因,再予修理。

二、照明电路断路修理方法

(一)故障现象

线路发生断路故障,电路无电压,电灯不亮,用电器具不能工作。

(二)故障原因

①熔丝熔断。

②线头松脱,导线断。

③开关损坏,不能将电路接通。

④铝线端头腐蚀严重等。

(三)检修方法

如果同一线路中的其他灯泡都亮,只有一个灯泡不亮,则为此一段电路故障,应注意检查灯丝、灯头及开关,多为灯丝烧断。对于日光灯应检查镇流器和避动器。如果同一线路中的所有灯泡均不亮,应检查熔丝是否熔断及有无电源电压。熔丝熔断,要注意线路中有无短路故障,如果熔丝没断而相线上无电压,则应检查前一级熔丝是否烧断。

三、照明电路漏电修理方法

(一)故障现象

①用电度数比平时增加。

②建筑物带电。

③电线发热。

这时,将电路里的灯泡和其他用电器全部卸下,合上总开关,观察电度表的铅盘是不是在转动。如果仍在转动(要观察一圈),这时可拉下总开关,观察铅盘是否继续转动。如果继续转动,说明电度表有问题,应检修;不转动,则说明电路里漏电,转得越快,漏电越严重。

(二)故障原因

电路漏电原因很多,检查时应先从灯头、挂线盒、开关、插座等处着手。如果这几处都不漏电,再检查电线,并应着重检查以下几处:

①电线连接处。

②电线穿墙处。

③电线转弯处。

④电线脱落处。

⑤双根电线绞合处。

检查结果,如果只发现一两处漏电,只要把漏电的电线、用电器或电气装置修好或换上新的即可;如发现多处漏电,并且电线绝缘全部变硬发脆,木台、木槽板多半绝缘不好,那就要全部更换。

检修方法:漏电不但浪费电力资源,还会危害人身安全,所以应定期检查线路,排除漏电故障。可测量绝缘电阻,检查绝缘情况。应先从灯头、开关、插座等处查起,然后进一步检查电线。对于穿墙、转弯、交叉、绞合及容易腐蚀和潮湿地方,要特别注意检查。更换漏电的设备和导线,清除线路上的灰尘污物。

四、灯头和开关常见故障修理

(一)灯头

螺旋口式灯头里有一块有弹性的铜片,这块铜片往往会因弹性不足而不能弹起。发现这种现象后需要拉下总开关,切断电源,再用套有绝缘管的小旋凿将铜片拨起。如果铜片表面有氧化层或污垢,应将其表面清理干净,否则,也会使灯泡不亮。

(二)开关

扳动式开关里有两块有弹性的铜片,作为静触点,这两块铜片往往使用日久而各自弯向外侧。发现这种现象,可先拉下总开关,切断电源,再用小旋凿将铜片弯向内侧。

拉线式开关的拉线往往会在拉线口处断裂。换线时,可先拉下总开关,切断电源,将残留在开关里的线拆除。接着,用小旋凿将穿线孔拨到拉线口处,把剪成斜形的拉线尖端从拉线口穿入,穿过穿线孔后打一个结即成。

项目五
常用电工仪表的使用与维护

任务一 万用表

万用表又称三用表,是一种多量程和测量多种电量的便携式电子测量仪表。一般的万用表以测量电阻,交、直流电流,交、直流电压为主。有的万用表还可以用来测量音频电平、电容量、电感量和晶体管的 β 值等。

由于万用表结构简单,便于携带,使用方便,用途多样,量程范围广,因而它是维修仪表和调试电路的重要工具,是一种最常用的测量仪表。

(一)模拟式万用表

万用表的种类很多,按其读数方式可分为模拟式万用表和数字式万用表两类。模拟式万用表是通过指针在表盘上摆动的大小来指示被测量的数值,因此,也称其为机械指针式万用表。由于它价格便宜、使用方便、量程多、功能全等优点深受使用者的欢迎。

1.万用表的组成

万用表在结构上主要由表头(指示部分)、测量电路、转换装置 3 部分组成。万用表的面板上有带有多条标度尺的刻度盘、转换开关旋钮、调零旋钮和接线插孔等,如图 5.1 所示。

(1)表头

万用表的表头一般采用灵敏度高,准确度好的磁电式直流微安表,是万用表的关键部件,万用表性能的好坏,很大程度上取决于表头的性能。表头的基本参数包括表头内阻、灵敏度和直

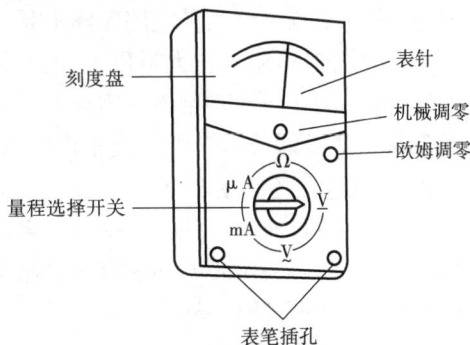

图 5.1 万用表的面板

线性,这是表头的 3 项重要技术指标。表头内阻是指动圈所绕漆包线的直流电阻,严格讲还应包括上下两盘游丝的直流电阻。内阻高的万用表性能好。多数万用表表头内阻在几千欧姆左右。表头灵敏度是指表头指针达到满刻度偏转时的电流值,这个电流数值越小,说明表头灵敏度越高,表头的特性就越好。通电测试前表针必须准确地指向零位。通常表头灵敏度只有几微安到

几百微安。表头直线性,是指表针偏转幅度与通过表头电流强度幅度是相互一致的。

(2)测量电路

测量电路是万用表的重要部分。正因为有了测量电路才使万用表成了多量程电流表、电压表、欧姆表的组合体。

万用表测量电路主要由电阻、电容、转换开关和表头等部件组成。在测量交流电量的电路中,使用了整流器件,将交流电变换为直流电,从而实现对交流电量的测量。

(3)转换装置

转换装置是用来选择测量项目和量限的,主要由转换开关、接线柱、旋钮、插孔等组成。转换开关由固定触点和活动触点两大部分组成。通常将活动触点称为"刀",固定触点称为"掷"。万用表的转换开关是多刀多掷的,而且各刀之间是联动的。转换开关的具体结构因万用表的型号不同而有差异。当转换开关转到某一位置时,可动触点就和某个固定触点闭合,从而接通相应的测量电路。

2.万用表表盘

万用表是可以测量多种电量,具有多个量程的测量仪表,为此万用表表盘上都印有多条刻度线,并附有各种符号加以说明。

电流和电压的刻度线为均匀刻度线,欧姆挡刻度线为非均匀刻度线。

不同电量用符号和文字加以区别。直流量用"—"或"DC"表示,交流量用"～"或"AC"表示,欧姆刻度线用"Ω"表示。

为便于读数,有的刻度线上有多组数字。

多数刻度线没有单位,便于在选择不同量程时使用。

3.万用表的工作原理

万用表是由电流表、电压表和欧姆表等各种测量电路通过转换装置组成的综合性仪表。了解各测量电路的原理也就掌握了万用表的工作原理,各测量电路的基础原理是欧姆定律和电阻串并联规律。下面分别介绍各种测量电路的工作原理。

(1)直流电流的测量电路

万用表的直流电流测量电路实际上是一个多量程的直流电流表。由于表头的满偏电流很小,所以采用分流电阻来扩大量程,一般万用表采用闭路抽头式环形分流电路,如图5.2所示。

这种电路的分流回路始终是闭合的。转换开关换接到不同位置,就可改变直流电流的量程,这和电流表并联分流电阻扩大量程的原理是一样的。

(2)直流电压的测量电路

万用表测量直流电压的电路是一个多量程的直流电压表,如图5.3所示。它是由转换开关换接电路中与表头串联不同的附加电阻来实现不同电压量程的转换。这和电压表串联分压电阻扩大量程的原理是一样的。

(3)交流电压的测量电路

磁电式微安表不能直接用来测量交流电,必须配以整流电路,把交流变为直流,才能加以测量。测量交流电压的电路是一种整流电压表。整流电路有半波整流电路和全波整流电路两种。

整流电流是脉动直流,流经表头形成的转矩大小是随时变化的。由于表头指针的惯性,它来不及随电流及其产生的转矩而变化,指针的偏转角将正比于转矩或整流电流在一个周期内的平均值。

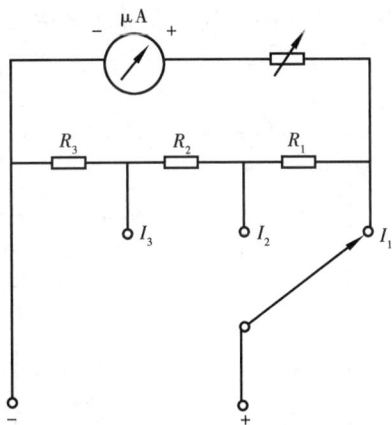

图5.2　多量程直流电流表原理图　　　图5.3　多量程直流电压表原理图

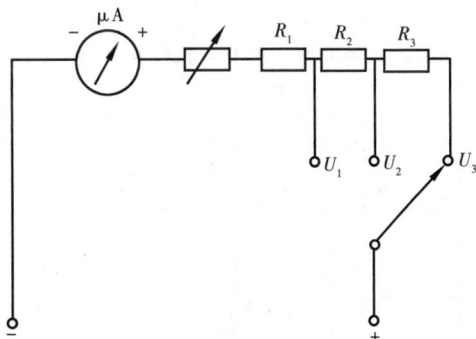

（4）直流电阻的测量电路

在电压不变的情况下，如回路电阻增加1倍，则电流减为1/2，根据这个原理，就可制作一只欧姆表。其原理电路如图5.4所示。万用表的直流电阻测量电路，就是一个多量程的欧姆表。

欧姆测量电路量程的变换，实际上就是 R_z 和满偏电流 I 的变换。一般万用表中的欧姆量程有 $R \times 1$、$R \times 10$、$R \times 100$、$R \times 1\ k\Omega$、$R \times 10\ k\Omega$ 等，其中 $R \times L$ 量程的 R_X 值，可以从欧姆标度上直接读得。在多量程欧姆测量电路中，当量程改变时，保持电源电压 E 不变，改变测量电路的分流电阻，虽然被测电阻 R_X 变大了，而通过表头的电流仍保持不变，同一指针位置所表示的电阻值相应变大。被测电阻的阻值应等于标度尺上的读数，乘以所用电阻量程的倍率，如图5.5所示。

电源干电池 E 在使用中其内阻和电压都会发生变化，并使 R_z 值和 I 改变。I 值与电源电压成正比。为弥补电源电压变化引起的测量误差，在电路中设置调节电位器 W。在使用欧姆量程时，应先将表笔短接，调节电位器 W，使指针满偏，指示在电阻值的零位。即进行"调零"后，再测量电阻值。

图5.4　电阻测量原理图
R_X—被测电阻；R_A—表头电阻；
R_B—分流电阻；R_C—限流电阻；
E—电源电压

在 $R \times 10\ k\Omega$ 量程上，由于 R_z 很大，I 很小，当 I 小于微安表的本身额定值时，就无法进量。因此在 $R \times 10\ k\Omega$ 量程，一般采用提高电源电压的方法来实现扩大其量程，图5.6所示。

4.正确使用方法

万用表的类型较多，面板上的旋钮、开关的布局也有所不同。所以在使用万用表之前必须仔细了解和熟悉各部件的作用，认真分清表盘上各条标度所对应的量，详细阅读使用说明书。万用表的正确使用应注意以下几点：

①万用表在使用之前应检查表针是否在零位上，如不在零位上，可用小螺丝刀调节表盖上的调零器，进行"机械调零"，使表针指在零位。

②万用表面板上的插孔都有极性标记，测直流时，注意正负极性。用欧姆挡判别二极管极

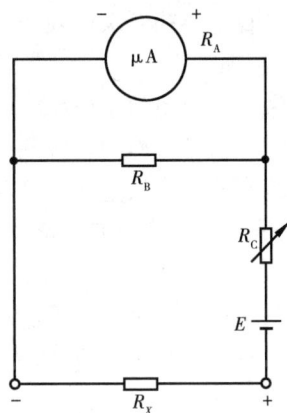

性时,注意"+"插孔是接表内电池的负极,而"-"插孔(也有标为"*"插孔)是接表内电池正极。

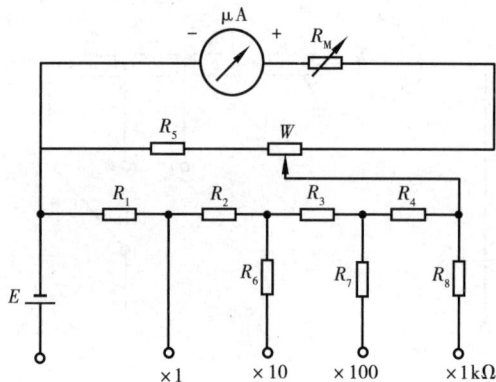

图 5.5　多量程欧姆表原理图　　　　　图 5.6　测量高阻值电阻

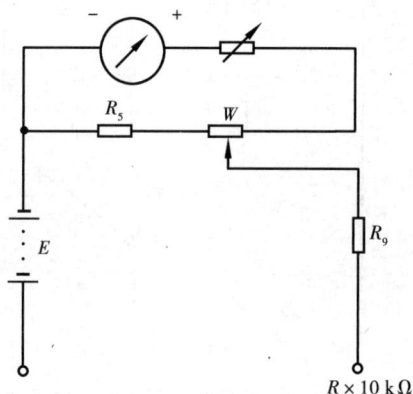

③量程转换开关必须拨在需测挡位置,不能拨错。如在测量电压时,误拨在电流或电阻挡,将会损坏表头。

④在测量电流或电压时,如果对被测电流电压大小心中无数,应先拨到最大量程上测试,防止表针打坏。然后再拨到合适量程上测量,以减小测量误差。注意不可带电转换量程开关。

⑤在测量直流电压、电流时,正负端应与被测的电压、电流的正负端相接。测电流时,要把电路断开,将表串接在电路中。

⑥测量高压或大电流时要注意人身安全。测试表笔要插在相应的插孔里,量程开关拨到相应的量程位置上。测量前还要将万用表架在绝缘支架上,被测电路切断电源,电路中有大电容的应将电容短路放电,将表笔固定接在被测电路上,然后再接通电源测量。注意不能带电拨动转换开关。

⑦测量交流电压、电流时,注意必须是正弦交流电压、电流。其频率也不能超过说明书上的规定。

⑧测量电阻时,首先要选择适当的倍率挡,然后将表笔短路,调节"调零"旋钮,使表针指零,以确保测量的准确性。如"调零"电位器不能将表针调到零位,说明电池电压不足,需更换新电池,或者内部接触不良需修理。不能带电测电阻,以免损坏万用表。在测大阻值电阻时,不要用双手分别接触电阻两端,防止人体电阻并联造成测量误差。每换一次量程,都要重新调零。不能用欧姆挡直接测量微安表表头、检流计、标准电池等仪器、仪表的内阻。

⑨在表盘上有多条标度尺,要根据不同的被测量去读数。测量直流量时,读"DC"或"-"那条标度尺,测交流量时读"AC"或"~"标度尺,标有"Ω"的标度尺为测量电阻时使用。

⑩每次测量完毕,将转换开关拨到交流电压最高挡,既防止他人误用而损坏万用表,也可防止转换开关误拨在欧姆挡时,表笔短接而使表内电池长期耗电。

万用表长期不用时,应取出电池,防止电池漏液腐蚀和损坏万用表内零件。

(二)数字万用表

数字万用表是采用集成电路模/数转换器和液晶显示器,将被测量的数值直接以数字形式显示出来的一种电子测量仪表,如图 5.7 所示。

1. 数字万用表的主要特点

①数字显示,直观准确,无视觉误差,并具有极性自动显示功能。

②测量精度和分辨率都很高。

③输入阻抗高,对被测电路影响小。

④电路的集成度高,便于组装和维修,使数字万用表的使用更为可靠和耐久。

⑤测试功能齐全。

⑥保护功能齐全,有过压、过流保护,过载保护和超输入显示功能。

⑦功耗低,抗干扰能力强,在磁场环境下能正常工作。

⑧便于携带,使用方便。

图 5.7　数字万用表

2. 组成与工作原理

数字万用表是在直流数字电压表的基础上扩展而成的。为了能测量交流电压、电流、电阻、电容、二极管正向压降、晶体管放大系数等电量,必须增加相应的转换器,将被测电量转换成直流电压信号,再由 A/D 转换器转换成数字量,并以数字形式显示出来。数字万用表的基本结构如图 5.8 所示。它由功能转换器、A/D 转换器、LCD 显示器(液晶显示器)、电源和功能/量程转换开关等构成。

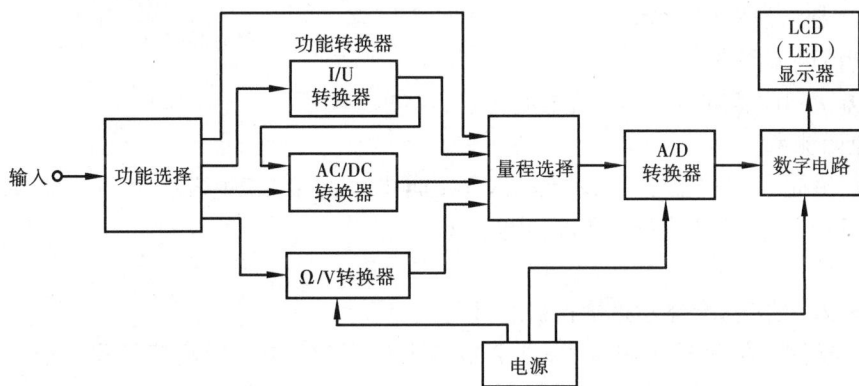

图 5.8　数字万用表基本结构

常用的数字万用表显示数字位数有三位半、四位半和五位半之分。对应的数字显示最大值分别为 1 999,19 999 和 199 999,并由此构成不同型号的数字万用表。

3. 使用方法

(1)直流电压测量

①将黑色表笔插入 COM 插孔,红色表笔插入 VΩ 插孔。

②将功能开关置于 DCV 量程范围,并将表笔并接在被测负载或信号源上,在显示电压读数时,同时会指示出红表笔的极性。

注意事项:

①在测量之前不知被测电压的范围时应将功能开关置于高量程挡后逐步调低。

②仅在最高位显示"1"时,说明已超过量程,须调高一挡。

③不要测量高于 1 000 V 的电压,虽然有可能读得读数,但可能会损坏内部电路。

④特别注意在测量高压时,避免人体接触到高压电路。

(2)交流电压测量

①将黑表笔插入 COM 插孔,红表笔插入 VΩ 插孔。

②将功能开关置于 ACV 量程范围,并将测试笔并接在被测量负载或信号源上。

注意事项:

①同直流电压测试注意事项中的①②④。

②不要测量高于 750 V 有效值的电压,虽然有可能读得读数,但可能会损坏万用表内部电路。

(3)直流电流测量

①将黑表笔插入 COM 插孔。当被测电流在 2 A 以下时红表笔插 A 插孔;如被测电流为 2~10 A,则将红表笔移至 10 A 插孔。

②功能开关置于 DCA 量程范围,测试笔串入被测电路中。

③红表笔的极性将在数字显示的同时指示出来。

注意事项:

①如果被测电流范围未知,应将功能开关置于高挡后逐步调低。

②仅最高位显示"1"说明已超过量程,须调高量程挡级。

③A 插口输入时,过载会将内装保险丝熔断,须予以更换相应规格的保险丝。

④20 A 插口没有用保险丝,测量时间应小于 15 s。

(4)交流电流测量

测试方法和注意事项类同直流电流测量。

(5)电阻测量

将黑表笔插入 COM 插孔,红表笔插入 VΩ 插孔(注意:红表笔极性为"＋")。将功能开关置于所需量程上,将测试笔跨接在被测电阻上。

注意事项:

①当输入开路时,会显示过量程状态"1"。

②如果被测电阻超过所用量程,则会指示出量程"1"须换用高挡量程。当被测电阻在 1 MΩ 以上时,本表须数秒后方能稳定读数。对于高电阻测量是正常的。

③检测在线电阻时,须确认被测电路已关去电源,同时电容已放电完毕。方能进行测量。

(6)二极管测量

①将黑表笔插入 COM 插孔,红表笔插入 VΩ 插孔(注意红表笔为"＋"极)。

②将功能开关置于蜂鸣挡,并将测试笔跨接在被测二极管上。

注意事项:

①当输入端未接入时(即开路时),显示过量程"1"。

②通过被测器件的电流为 1 mA 左右。

③本表显示值为正向压电压特值,当二极管反接时则显示过量程"1"。

(7)音响通断检查

①将黑表笔插入 COM 插孔,红表笔插入 VΩ 插孔。

②将功能开关置于蜂鸣挡量程并将表笔跨接在欲检查的电路两端。

③若被检查两点之间的电阻小于 30 Ω 蜂鸣器便会发出声响。

注意:

①当输入端接入开路时显示过量程"1"。

②被测电路必须在切断电源的状态下检查通断,因为任何负载信号将使蜂鸣器发声,导致判断错误。

(8)晶体管 hFE 测量

①将功能开关置于 hFE 挡上。

②先认定晶体三极管是 PNP 型还是 NPN 型,然后再将被测管 E、B、C 三脚分别插入面板对应的晶体三极管插孔内。

③此表显示的则是 hFE 近似值,测试条件为基极电流 10 μA,U_{ce} 约 2.8 V。

4.维护事项

①不要接到高于 1 000 V 直流或有效值 750 V 交流以上的电压上去。

②切勿误接量程以免内外电路受损。

③仪表后盖未完全盖好时切勿使用。

任务二　兆欧表

兆欧表又称摇表,是由高压手摇发电机及磁电式双动圈流比计组成,具有输出电压稳定,读数正确,噪声小,摇动轻,且装有防止测量电路泄漏电流的屏蔽装置和独立的接线柱,如图 5.9 所示。兆欧表是测量绝缘用的,如给电机测量,因为其能输出 500 V 以上的高压,而万用表输出的电压很低,无法测量电器的绝缘程度。

1.兆欧表的选用

选用兆欧表时,其额定电压一定要与被测电气设备或线路的工作电压相适应,测量范围也应与被测绝缘电阻的范围相吻合。表 5.1 列举了一些在不同情况下兆欧表的选用要求。

图 5.9　兆欧表

2.兆欧表的接线和使用方法

兆欧表有 3 个接线柱,上面分别标有线路(L)、接地(E)和屏幕或保护环(G)。

1)照明及动力线路对地绝缘电阻的测量

将兆欧表接线柱 E 可靠接地,接线柱 L 与被测线路连接。按顺时针方向由慢到快摇动兆欧表的发电机手柄,大约 1 min,待兆欧表指针稳定后读数。这时兆欧表指示的数值就是被测线路的对地绝缘电阻值,其单位是 MΩ。

2)电动机绝缘电阻的测量

拆开电动机绕组的 Y 或 △形联结的连线。用兆欧表的两接线柱 E 和 L 分别接电动机的两相绕组。摇动兆欧表的发电机手柄读数。此接法测出的是电动机绕组的相间绝缘电阻。电动机绕组对地绝缘电阻的测量接线:接线柱 E 接电动机机壳(应清除机壳上接触处的漆或锈等),接线柱 L 接在电动机绕组上。摇动兆欧表的发电机手柄读数,测出电动机对地绝缘电阻。

表5.1　不同额定电压的兆欧表的选用

测量对象	被测绝缘的额定电压 /V	所选兆欧表的额定电压 /V
线圈绝缘电阻	500 以下	500
	500 以上	1 000
电机及电力变压器线圈绝缘电阻	500 以上	1 000 ~ 2 500
发电机线圈绝缘电阻	380 以下	1 000
电气设备绝缘	500 以下	500 ~ 1 000
	500 以上	2 500
绝缘子	—	2 500 ~ 5 000

3)电缆绝缘电阻的测量

测量时将兆欧表接线柱接电缆外壳,接线柱 G 接在电缆线芯与外壳之间的绝缘层上,接线柱 L 接电缆线芯,摇动兆欧表的发电机手柄读数。测量结果是电缆线芯与电缆外壳的绝缘电阻值。

3.使用注意事项

①测量设备的绝缘电阻时,必须先切断设备的电源。对含有较大电容的设备(如电容器、变压器、电机及电缆线路),必须先进行放电。

②兆欧表应水平放置,未接线之前,应先摇动兆欧表,观察指针是否在∞处,再将 L 和 E 两接线柱短路,慢慢摇动兆欧表,指针应指在零处。经开、短路试验,证实兆欧表完好方可进行测量。

③兆欧表的引线应用多股软线,且两根引线切忌绞在一起,以免造成测量数据不准确。

④兆欧表测量完毕,应立即使被测物放电,在兆欧表的摇把未停止转动和被测物未放电前,不可用手去触及被测物的测量部位或进行拆线,以防止触电。

⑤被测物表面应擦拭干净,不得有污物(如漆等)以免造成测量数据不准确。

任务三　钳形电流表

钳形电流表是一种不需断开电路即可测量电流的电工用仪表,如图5.10 所示。

1.钳形电流表的使用方法

使用时,首先将其量程转换开关转到合适的挡位,手持胶木手柄,用食指等四指勾住铁芯开关,用力一握,打开铁芯开关,将被测导线从铁芯开口处引入铁芯中央,松开铁芯开关使铁芯闭合,钳形电流表指针偏转,读取测量值。再打开铁芯开关,取出被测导线,即完成测量工作。

2.钳形电流表使用时的注意事项

①被测线路电压不得超过钳形电流表所规定的使用电压。以防止绝缘击穿。导致触电事故的发生。

②若不清楚被测电流大小,应由大到小逐级选择合适挡位进行测量;不能用小量程挡测量大电流。

③测量过程中,不得转动量程开关。需要转换量程时,应先脱离被测线路,再转换量程。

④为提高测量值的准确度,被测导线应置于钳口中央。

图5.10　钳形电流表

任务四　转速表

转速表是用来测量电动机转速和线速度的仪表,如图5.11所示。使用时应使转速表的测试轴与被测轴中心在同一水平线上,表头与转轴顶住。测量时手要平稳,用力合适,要避免滑动丢转而发生误差。

在使用转速表时,若对欲测转速心中无数,量程选择应由高到低,逐挡减小,直到合适为止。不允许用低速挡测量高速挡,以避免损坏表头。

测量线速度时,应使用转轮测试头。测量的数值按下面公式计算:

$$\omega = cn(\mathrm{m/min})$$

式中　ω——线速度,m/s;

图5.11　转速表

C——滚轮的周长,m;

n——每分钟转速,r/min。

任务五　电　桥

电桥是用比较法测量各种量(如电阻、电容、电感等)的仪器。最简单的是由4个支路组成的电路。各支路称为电桥的"臂"。常用的有惠斯通电桥、直流电桥和交流电桥。

(一)惠斯通电桥原理

惠斯通电桥又称单电桥,其电路原理如图5.12所示。

R_1、R_2、R_3、R_x为电桥的4个桥臂,R_x是被测电阻;平衡指示器 D 为较灵敏的检流计。测量中调节 R,使指示器 D 指零,此时电桥平衡,满足条件$R_xR_2 = R_1R_4$。若电桥有 3 个桥臂 R_1、R_2、R_4 为已知,则可以求得未知电阻。R_x 测量误差取决于比率 R_2/R_4 和 R_1 的误差。

(二)直流电桥电路的应用

QJ23 型直流单臂电桥是采用惠斯通电桥线路、内附指零仪、可内装干电池的携带式直流电阻电桥。用来测量 0 ~ 9.999 MΩ 范围内的直流电阻值。适宜在实验室、车间及无交流电源现场使用;QJ23 型直流单臂电桥所有部件安装在黑色胶木外壳内,体积小、质量轻、携带方便,如图 5.13 所示。

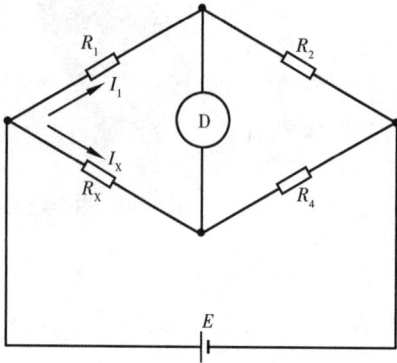

图 5.12   惠斯通电桥

图 5.13   QJ23 型直流单臂电桥

1. 电路结构和工作原理

图 5.14 所示为 QJ23 型直流单臂电桥原理电路。其中 R_2、R_3、R_4 为标准电阻元件。R_4 为比较臂,R_2、R_3 为比率读数(R_2/R_3),单臂意即单比率臂。R_x 为被测电阻,为测量臂。直流单臂电桥用于测量中值(1 Ω ~ 0.1 MΩ)直流电阻,则有:

$$R_x = \frac{R_2}{R_3}R_4$$

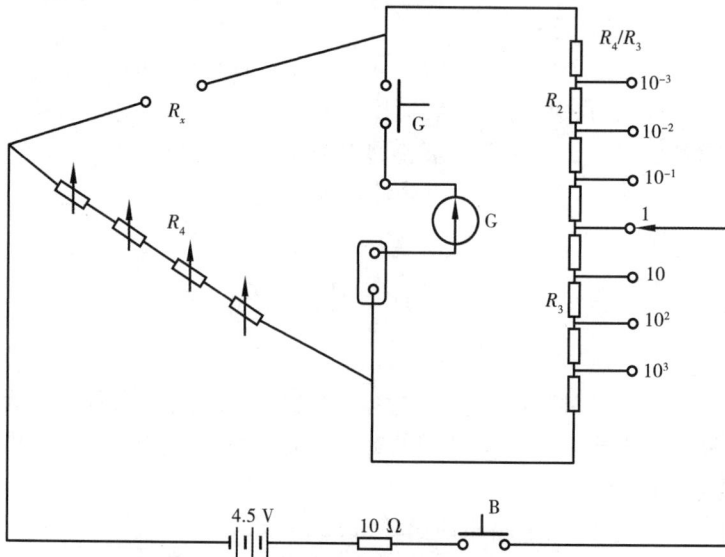

图 5.14   QJ23 型直流单臂电桥原理电路

2. 操作步骤和方法

①使用前先把检流计锁扣或短路开关打开,并调节调零器使指针或光点置于零位。

②若使用外接电源,电池电压应按规定选择。电压太高对电路元件不利,太低时电桥灵敏

度不够。使用外接检流计也应按规定选择其灵敏度和临界电阻(查阅说明书)。

③R_x接好后,先估计一下被测量的电阻阻值范围,选择合适的R_2/R_3比率,以保证比较臂R_4的4挡电阻都能充分使用。如R_x为几个欧姆时,应选比率为10^{-3}。

④电源和检流计按钮的使用:测量时先按"电源"按钮,再按检流计按钮。若检流计指针向"+"偏转,说明R_4电阻小了,应增加比较臂R_4数值。反之,指针若向"−"偏转,则应减小R_4数值。

⑤测量完毕,先松开检流计按钮,后松开电源按钮。特别是在测量具有电感的元件时(如线圈)一定要遵守上述操作顺序,否则将有很大的自感电动势作用于检流计,造成检流计损坏。

⑥在电桥调平衡过程中,不要把检流计按钮按死,应是每改变一次比较臂电阻,按1次按钮测量1次,直至检流计偏转较小时,再按死检流计按钮。

⑦将测量结果记下后,被测电阻值等于比率读数与比较臂读数的乘积。

⑧测量结束不再使用时,应将检流计的锁扣锁上。

(三)交流电桥的应用

在科研、教学和生产实践中,经常要测量各种电子元件的参数。例如电阻、电容、电感(自感系数或互感系数),电容的介质损耗因数D,电感的品质因数Q等,在低频范围内,电桥法测量电路元件参数是最准确的一种方法。

DH4518型交流电桥实验仪采用通用化、模块化的开放式结构。该仪器包括交流电桥所需的所有部件,其中有3个独立的电阻桥桥臂(R_b电阻箱,R_n电阻箱,R_a电阻箱)。LC元件箱及信号源(有交流毫伏表指示)、交流指零仪、频率计等。用这些模块化的元件、部件可以组成不同类型的交流电桥用于科研和教育实验之中。

1.仪器技术性能

(1)内置信号源

频率范围:500 Hz~2.5 kHz;失真度:优于3%;输出电压:0.1(1±3%)V_{rms}。

(2)内置数显毫伏表

信号源输出幅度,出厂时已调整到0.1(±3%)V_{rms}。

(3)仪器内置频率计

四位LED数字显示;测量误差<0.1%。

(4)内置交流指零仪

采用带通滤波放大器,滤波器中心频率为1(1±10%)kHz,最大灵敏度10 μV/格(在1 kHz处)。

(5)仪器内置电阻箱分为R_b、R_n、R_a 3组,分别为:

①R_b十进制电阻箱套件,它由5个十进旋钮式开关电阻组成,电阻值分别为:
0.1 Ω×10、1 Ω×10、10 Ω×10、100 Ω×10、1 kΩ×10。

②R_n十进制电阻箱套件,由4个十进旋钮式开关电阻组成,电阻值分别为:
1 Ω×10、10 Ω×10、100 Ω×10、1 kΩ×10。

③R_a由具有6个定位挡的旋钮开关组成,电阻值分别为:
第1挡1 Ω、第2挡10 Ω、第3挡100 Ω、第4挡1 kΩ、第5挡10 kΩ、第6挡100 kΩ。

(6)仪器内置LC元件箱,它由具有6个定位挡的旋钮开关组成,其值分别为:

第1挡0.001 μF、第2挡0.01 μF、第3挡0.1 μF、第4挡1 mH、第5挡10 mH、第6挡100 mH。

（7）工作电压

AC：220 × (1 ± 10%) V。

（8）环境适应性

工作温度：10 ~ 30 ℃；

相对湿度：25% ~ 75%。

抗电强度：耐50 Hz正弦波500 V电压1 min耐压试验。

（9）仪器总质量18 kg。

（10）外部尺寸340 mm × 270 mm × 250 mm。

2. 仪器结构

仪器结构如图5.15所示。

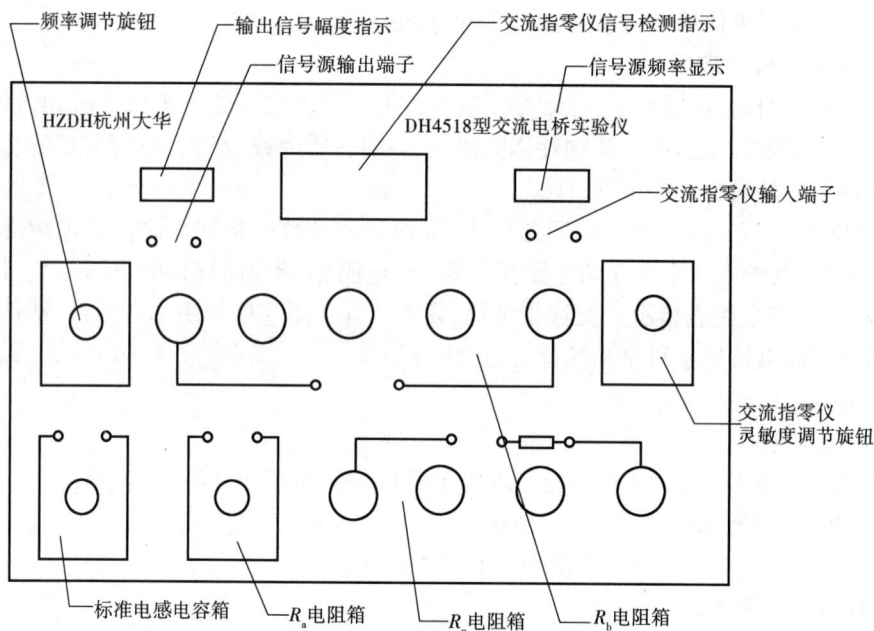

图5.15　DH4518型交流电桥实验仪结构图

①被测接线柱，是指交流指零仪输入的两个接口。

②频率显示：机器内部产生正弦波信号，其频率直接以数字显示。

③指示电表：交流指零仪，作为调电桥平衡时指示使用。

④数显交流毫伏表：仪器内部信号源以输出电压指示。

⑤机内信号源输出接线柱：仪器内部产生该柱输出信号。

⑥信号源调节旋钮：仪器内部产生信号的频率由此旋钮调节，并直接由频率计显示。

⑦LC接线柱：该接线柱是由仪器内置LC元件箱提供的 L 或 C 的参数，电感或者电容一般和 R_n 一起组成交流电桥的一个臂。

⑧电阻 R_a 接线柱：由6个定位旋钮挡开关组成的电阻箱，作为交流电桥的一个臂。

⑨电阻 R_n 接线柱：由4个十进制旋钮式开关电阻箱组成，一般和LC中的电感或者电容一

起组成交流电桥的一个臂。

⑩电阻 R_b 接线柱：由 5 个十进制旋钮式开关电阻箱组成，作为交流电桥的一个臂。

⑪指零仪灵敏度调节：调节仪器内部的放大器的放大倍数。

⑫该仪器还附带 DH4551 型待测元件箱，这个元件箱由各种 C、L、R 元件组成的。

3. DH4518 交流电桥实验仪的使用方法

使用时将被测元件(R、L、C)按图接好，本实验仪需自己组装电桥来测量各元件参数。

(1)电容 C 及其损耗因素 D 的测量

设被测电容 C，由于有一定介质损耗，所以将其看成一个理想的电容 C_x 和一个损耗电阻 R_x 构成，如图 5.16 所示。

根据交流电桥的基本原理，连接成一个交流电桥，被测电容 C 作为一个桥臂。如图 5.16 所示，然后调节电桥其他臂的电阻值，使交流指零仪为最小值，这时电桥平衡。根据电桥平衡原理，就能求得 C_x、R_x 的值

$$C_x = \frac{R_b C_n}{R_a}$$

$$R_x = \frac{R_a R_n}{R_b}$$

$$D = 2\pi f R_x C_x = 2\pi f R_n C_n$$

(2)电感 L 和品质因数 Q 的测量

测试方法同上，但连接方法有些不同，如图 5.17 所示。

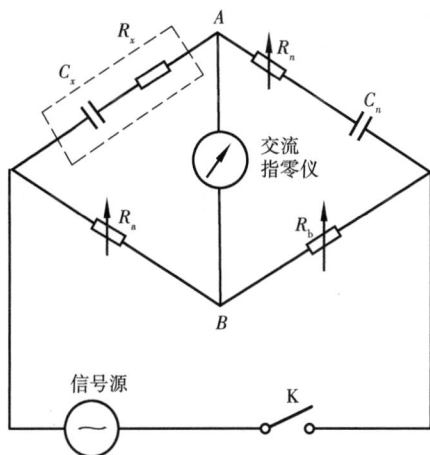

图 5.16　电容测量图　　　　　　　　图 5.17　电感测量图

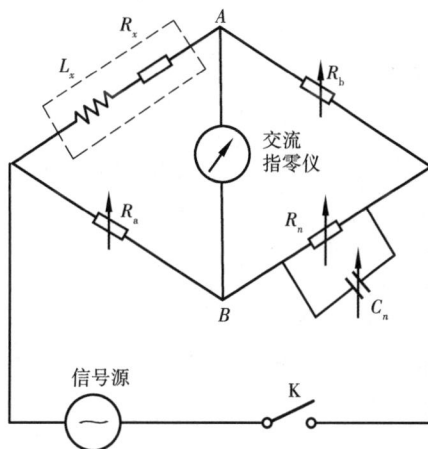

根据电桥平衡原理，得到：

$$L_x = R_a R_b C_n$$

$$R_x = \frac{R_a R_b}{R_n}$$

电感品质因数

$$Q = \frac{2\pi f L_x}{R_x} = 2\pi f R_n C_n$$

4. 维护与保养

①仪器应避免强烈振动和受到撞击。

②仪器长时间不使用时,请套上塑料袋,防止潮湿空气长期与仪器接触。房间内空气湿度应小于80%。

③当使用温度超出允许的温度范围时,会影响测量精度。

项目六
高压开关电器的运行与维护

任务一　高压断路器的维修

高压断路器是重要的高压开关电器,是电力系统一次设备控制和保护的关键电器,其结构完整并有灭弧装置和高速的传动机构,能关合和开断各种情况下高压电路中的电流,在电网中起的作用可以从以下两个方面概括:一是控制作用,即根据电网运行的需要,将部分电气设备或线路投入或退出运行;二是保护作用,即在电气设备或电力线路发生故障时,迅速地处理故障回路,保证电网中无故障部分的正常运行。

一、高压断路器的检修要求

(一)高压断路器检修技术要求
高压断路器的正确检修是保证高压断路器正常运行的重要条件。正确的检修还可以延长断路器的使用寿命。经检修后的断路器应满足以下要求:

①在基础或支架上的位置准确,固定牢固符合安全要求。

②油箱、储气罐和其他密封部分不渗油、不漏气、不漏水。

③整组的和各部分的电气绝缘良好,符合制造厂或"导则"的规定。

④各机件之间的间隙、距离、角度、行程和搭扣等符合制造厂或"导则"的规定。

⑤在进行快速或慢速操作时,准确可靠地完成指定的动作。合闸、分闸的运行速度和动作时间符合制造厂或"导则"的规定。

⑥动触头、静触头的接触良好,导电回路的电阻符合制造厂或现行规程的规定。

因此,在高压断路器的检修工作中应做到:

①掌握有关技术资料。了解制造厂的产品安装使用说明书和产品实验证书中的有关规定,掌握高压断路器的技术特性、结构、工作原理,以及运输、保管、检查、组装、测试、调整的方法和要求。

②制订检修工序和检修措施。要注意断路器的结构和技术特性在不断地改进,不同时期生产的同一型号产品或不同厂家生产的同一型号的产品的个别部位、个别调整数据有可能不

同。对出厂时间长和运行时间长的高压断路器还要了解发生过哪些问题？有过哪些改进？以便掌握薄弱环节,消除缺陷。

③仔细检查记录。拆卸开关时必须认真仔细地按照该型号断路器的分解组装步骤进行,对部件做记号并详细测量记录原始数据、损坏部位、损坏情况及异常现象等,以保证装复质量。

④严格遵守"检修工艺导则"或制造厂安装技术规定,保证检修质量,加快检修速度,避免质量事故。

(二)高压断路器检修准备工作

1. 制订断路器检修计划

断路器检修计划是否合理、完整,直接影响检修质量和效果。计划部门、运行和检修单位应密切配合,确定断路器检修项目和深度要求,确定技术改进项目和消除缺陷的技术措施,编制材料、备用品清单,编制断路器检修用机具和工具清单,进行劳动组织,编制断路器检修进度表。

2. 拟订断路器检修工作方案

组织工作班和有关人员讨论和修改检修计划,对原计划予以完善。各小组也要在此基础上拟订小组的工作计划。

3. 其他准备工作

核对备用品、材料及机具设备的规格、数量是否与计划清单相符,质量是否合格;办理工作票许可手续。

二、油断路器的维修

(一)油断路器的运行维护

电气运行中应注意油断路器的使用方法,对其进行定时的巡视检查,并对检查中发现的问题及时处理,保持断路器的良好运行状态,保证系统安全运行。

1. 断路器位置的检查

不仅要根据合闸机械位置指示器指示,而且还应检查分、合闸弹簧的状态及传动机构水平拉杆或外拐臂的位置变化,以确认油断路器分、合闸实际位置。

2. 油位的检查

应检查三相每个断口的油位,要求其应在油标上、下两监视线之间。油位太高可能使油箱缓冲空间不足,事故分闸时断路器喷油;油位太低可能使事故分闸时弧光冲出油面,造成断路器着火甚至爆炸。

3. 运行温度的检查

应保持油温、外壳、引接线头等运行温度不超标。

4. 套管、绝缘子的检查

应无裂纹、破损,无放电痕迹,无放电声和电晕声。

5. 操作机构的检查

操作机构的所有部件应完好,各操作能源应在允许的动作范围内。

(二)油断路器的检修

定期检修是在断路器停止运行后进行的,检修时需要特别注意安全。对使用已久的断路器,在定期检修时要特别关心其使用寿命,一般断路器的使用寿命在不断进行定期检修的情况下约为 20 年。

1. 油断路器的检修形式

油断路器的检修形式分为定期大修、定期小修、临时性检修。

1）定期大修

大修时的作业流程如图 6.1 所示。

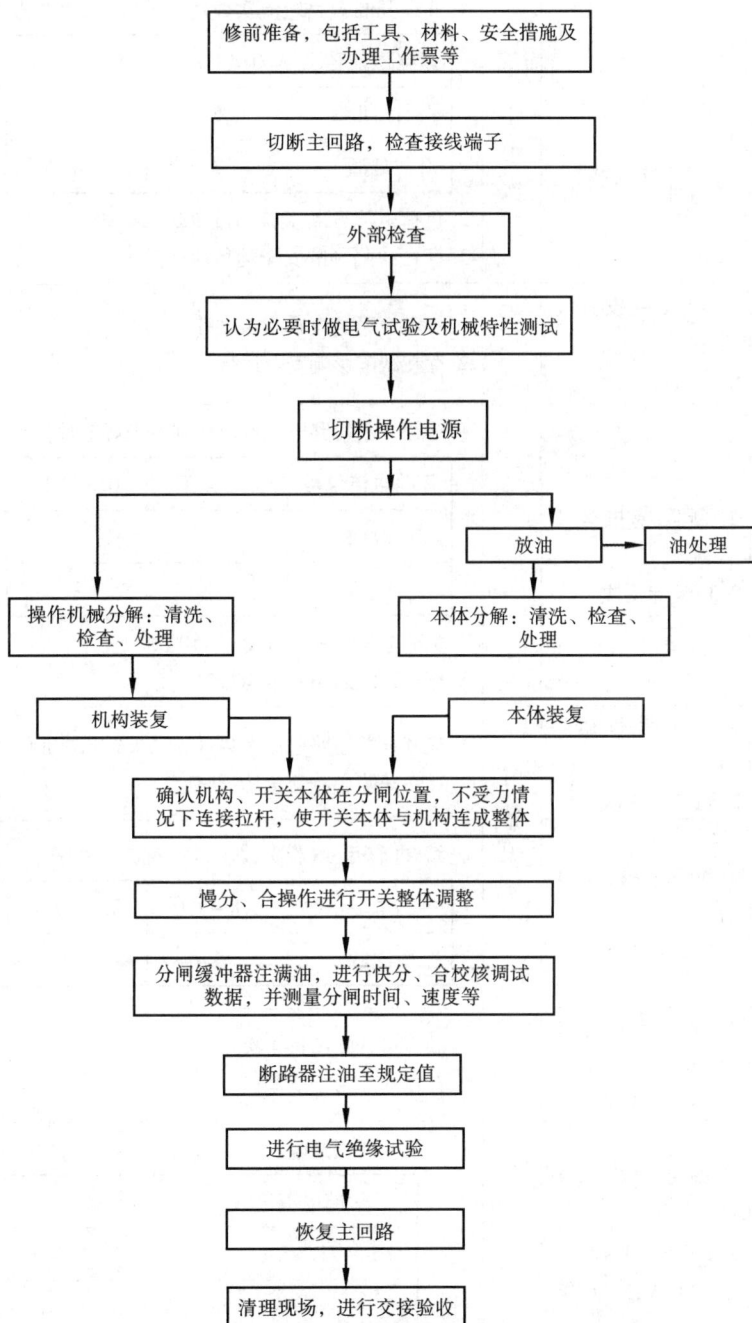

图 6.1　油断路器大修工作程序图

几种常用油断路器的大修周期见表6.1。

表6.1 油断路器的检修周期

油断路器型号	检修性质		
	大 修	小修	临 时 性 检 修
SN10-10	1. 新安装投运1年后 2. 3~4年1次	每年1次	1. 连续开断短路电流次数达到下表规定时(次): 表格： 短路电流倍数 / 0.8~1.0 / 0.5~0.8 / 0.5以下 Ⅰ、Ⅱ型 / 6 / 9 / 12 Ⅲ型 / 3 / 6 / 9 2. 负荷电流开断次数超过200~300次 3. 存在缺陷影响安全运行时
SN10-35	1. 新安装投运1年后 2. 3~4年1次		1. 额定短路电流开断4次后 2. 存在缺陷影响安全运行时
DW1-35	1. 新安装投运1年后 2. 3~4年1次		1. 连续开断短路电流次数达到下表规定时: 表格： 短路电流倍数 / 0.3以下 / 0.6以上 / 其他 改前 / / 3 / 自定 改后 / 6 / 3 / 自定 2. 负荷电流开断次数超过150次 3. 存在缺陷影响安全运行时
DW2-35	1. 新安装投运1年后 2. 3~4年1次	每年1次	1. 连续开断短路电流次数:Ⅰ型16 kA,3次;Ⅱ型25 kA,3次 2. 存在缺陷影响安全运行时
DW8-35	1. 新安装投运1年后 2. 3~5年1次		连续开断短路电流次数达到下表规定时(次) 表格： 短路电流倍数 / 0.8~1.0 / 0.5~0.8 / 0.5以下 次数 / 3 / 4~6 / 7~10
SW2-35	1. 新安装投运1年后 2. 3~5年1次		1. 满容量开断超过4次 2. 存在缺陷影响安全运行时
SW2-110/220	1. 新安装投运1年后 2. 110 kV,4~5年1次,220 kV,5~6年1次		1. 连续开断短路电流次数达到下表规定时(次): 表格： 短路电流倍数 / ≥0.8 / <0.8 31.5 kA / 6 / 8 40 kA / 4 / 6 2. 存在缺陷影响安全运行时

续表

油断路器 型号	检修性质		
	大　修	小修	临时性检修
SW4-110/220	1. 新安装投运 1 年后 2.3 ~ 5 年 1 次	每年1次	1. 连续开断短路电流次数达到下表规定时(次): 短路电流倍数 | 0.6 ~ 1.0 | 0.3 ~ 0.6 | ≤0.3 次　数 | 3 | 6 | 12 2. 存在缺陷影响安全运行时
SW6—110/220	1. 新安装投运 1 年后 2. 110 kV,4 ~ 5 年 1 次,220 kV,4 ~ 6 年 1 次		1. 满容量开断超过 4 次 2. 存在缺陷影响安全运行时
SW7-110/220	1. 新安装投运 1 年后 2.3 ~ 5 年 1 次		1. 满容量开断超过 4 次 2. 存在缺陷影响安全运行时

2)定期小修

几种常用油断路器的小修周期见表 6.1,通常每年 1 次,结合预防性实验进行。油断路器小修通用程序如图 6.2 所示。

3)临时性检修

当发现断路器有危及安全运行的缺陷或正常操作次数达到表 6.1 的规定时应安排临时性检修。危及安全运行的缺陷包括回路电阻严重超标、接触部位有明显过热,多油断路器介质损耗因数超标,少油断路器直流泄漏电阻超标,严重漏油等。

需要分解本体时的临时性检修程序可参照图 6.1 进行,不需要分解本体的临时性检修程序可参照图 6.2 进行。

2.零部件的修复和更换

在断路器的检修过程中必然会遇到某些零部件磨损变形、绝缘件受潮等问题,如不及时修复或更换会影响断路器的电气和机械性能。

部分主要零部件更换规定如下所述。

①动、静触头和引弧环。动、静触头和引弧环在电弧作用下要烧损,对于铜材触头,如果表面烧伤面积不超过 30%,伤痕深度不超过 1.5 mm,可用细纱布(纸)或细锉刀进行处理和修整,以达到表面平整可继续使用,烧损程度超过上述范围的应更换;对于铜钨触头伤痕深度不超过 2 mm,修整处理后可继续使用。对于引弧环修整处理后内孔径扩大超过 2 mm 的应更换。

②灭弧片。灭弧片受电弧灼伤会炭化,轻微者可用细纱布(纸)或刮刀修整处理,修整后内孔径扩大超过 2 mm 的应更换。

③弹簧片。弹簧片(包括螺管弹簧和片弹簧等)如发生永久性变形,说明弹簧材质已超过弹性限度,必须更换。

```
┌─────────────────────────┐
│ 切断上回路,检查接线端子 │
└─────────────────────────┘
            │
            ▼
      ┌──────────┐
      │ 外部检查 │
      └──────────┘
            │
            ▼
┌─────────────────────────┐
│ 如结合预防性试验进行时则 │
│      进行预防性试验      │
└─────────────────────────┘
            │
            ▼
┌─────────────────────────────┐
│ 进行分、合操作,检查动作可靠性,│
│  特别提醒应进行低电压操作试验 │
└─────────────────────────────┘
            │
            ▼
    ┌──────────────┐
    │ 切断操作电源 │
    └──────────────┘
            │
     ┌──────┴────────────────────┐
     ▼                           ▼
┌──────────────────┐   ┌──────────────────┐
│ 操动机构检查,并添加│   │   清扫瓷瓶等      │
│ 润滑油,液压机构则进│   ├──────────────────┤
│ 行液压油过滤      │   │  必要时本体加油   │
└──────────────────┘   └──────────────────┘
     └──────────┬────────────────┘
                ▼
        ┌──────────────┐
        │ 恢复操作电源 │
        └──────────────┘
                │
                ▼
        ┌──────────────┐
        │ 分、合操作试验│
        └──────────────┘
                │
                ▼
        ┌──────────────┐
        │ 接通主回路   │
        └──────────────┘
                │
                ▼
    ┌──────────────────────┐
    │ 清理现场、交接验收    │
    └──────────────────────┘
```

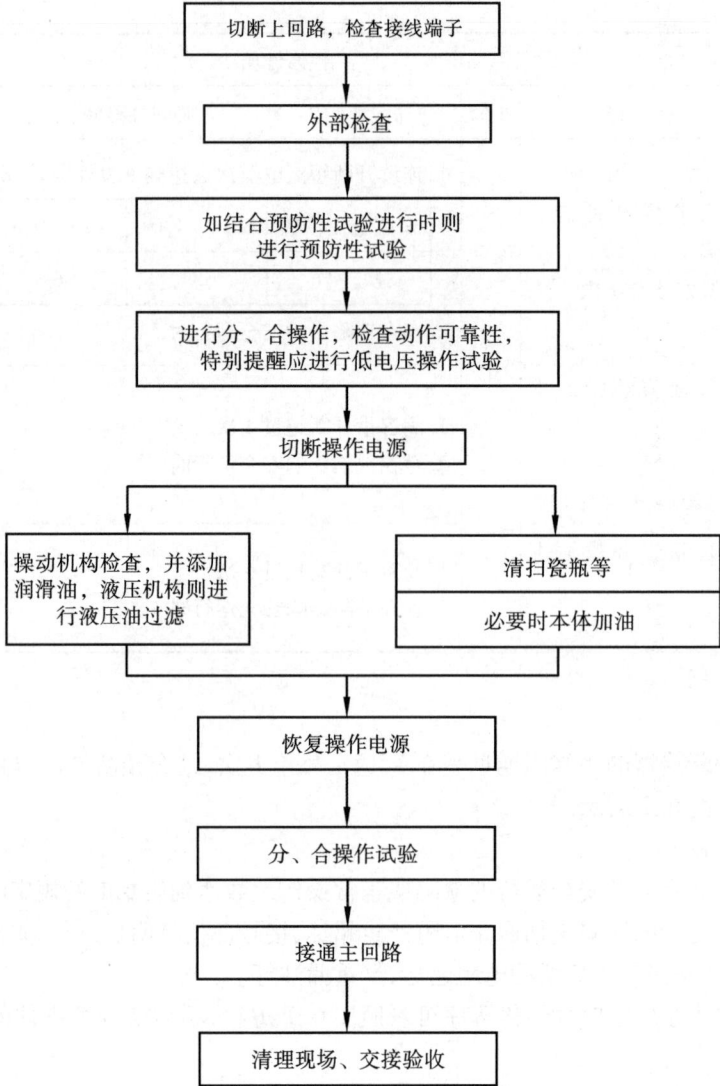

图 6.2 油断路器小修工作程序图

④热处理件。热处理件(如分、合闸锁扣,维持支架,凸轮,撞块,牵引杆等)处理工艺复杂,检修现场不具备检修条件,因此热处理件有明显磨损和变形就需更换。

⑤瓷件。瓷件质脆,容易发生机械碰伤或开裂,如有纵向或径向贯穿性裂纹,应更换;如果只在两端部或某个瓷裙上有裂纹或小块破碎,可用环氧树脂粘补。

⑥绝缘件。绝缘件受潮可根据材质选用一定的温度进行烘干,烘干过程要根据绝缘受潮程度控制升、降温速度,必要时还要用夹具把绝缘件固定好,防止变形。绝缘件受潮严重导致表面起层、发泡、剥落等现象,应更换。

⑦机构连板。断路器操动机构使用大量的连板,它起着力的传递作用,并通过连板系统改变力的作用方向和大小。在断路器进行分合操作的过程中,连板的轴孔与轴销有机械摩擦和机械撞击,通常轴销材质硬度应较高于连板,因此磨损和变形主要发生在连板的轴孔处,如果磨损后轴孔与轴销的单边配合公差超过 0.3 mm 应更换,否则会将连板系统"死区"扩大而影

响动作的可靠性。

⑧密封橡胶垫(圈)。由于密封橡胶垫(圈)的材质和加工工艺的原因,其自然寿命不超过3~5年。油断路器中使用的密封橡胶垫(圈)多数处在长期受压状态,且直接与空气接触,因而橡胶垫(圈)易老化,丧失弹性,因此凡经拆装的密封橡胶垫(圈)应一律更换。

3.断路器的检修项目

各个电压等级、各个型号油断路器有共性的检修项目如下所述。

(1)大修项目

①油箱内部检查清洗,充油部件换油(或滤油),外壳重新涂漆。

②灭弧室装配、触头及导电回路检修。

③传动机构和提升机构的检修和维护。

④瓷体检查清理。

⑤操动机构及其附件检修。

⑥组装调试,行程、超行程及其他机械尺寸调整。

⑦机械特性和电气实验。

⑧整组实验操作,验收。

(2)小修项目

①瓷件外部清理检查。

②复测总行程、超行程,必要时予以调整。

③传动机构检查、加润滑油。

④操动机构检查、加润滑油。

⑤油缓冲器检查。

⑥导电连接部分检查,螺丝紧固。

⑦整组操作,验收。

(3)临时性检修项目

①油箱内部清洗,换油(少油断路器)或滤油(多油断路器)。

②动静触头检修,灭弧室清洗检修。

③外部检查,瓷件清理,导电连接部分检查。

④操动机构检查。

⑤组装调试并进行机械、电气测量实验。

⑥整组操作试验,验收。

4.油断路器检修质量标准

油断路器检修后应达到以下要求:

①油箱及其他密封部分不渗油。

②严重灼伤的引弧指(环)和耐弧头更换,一般灼伤的经修整后接触面光洁度合乎要求,动、静触头接触良好,接触压力符合规定,接触电阻合格。

③严重烧伤的灭弧室组件已更换,组装质量符合要求。

④整组和部件的电气绝缘良好,符合制造厂或有关规程规定。

⑤传动机构润滑良好,动作灵活。

⑥操动机构灵活可靠,指示正确。

⑦油缓冲器活塞配合良好,缓冲平稳,无显著反跳及强烈阻尼现象。

⑧油面合格。

⑨分、合闸速度(时间)符合规定。

⑩瓷件清洗完好,油漆完好。

此外,不同型号的断路器各有特殊要求,应符合厂家有关规定。

5. 油断路器检修前后的检查和试验

(1)检查和测试项目

①外观检查。

②做手动和电动合闸、分闸操作,观察操动机构和传动机构动作是否准确可靠。

③测量总行程、超行程。

④测量分、合闸速度特性,测量合闸时间和固有分闸时间。

⑤测量分、合闸同期性。

⑥测量导电回路的直流电阻。

⑦测量绝缘电阻,做断路器的绝缘试验,绝缘油的理化试验。

电气性能试验一般由试验班做,分、合闸速度和分、合闸时间的测定和调整,必须在组装过程中由检修班完成。

(2)动作速度的测定

油断路器分、合闸动作速度和燃弧时间,与触头受电弧烧损的程度有密切关系。速度越慢,燃弧时间越长,触头越易烧损,还会影响断流容量。

分、合闸速度又受机械强度和机构特性的制约。速度太快,机构受到过大的应力,会造成个别部件损坏或缩短运行部件的机械寿命。对于有刚分弹簧的断路器来说,也会引起触头弹跳,影响合闸的稳定性。

因此,各种型号油断路器都有规定的刚分速度、刚合速度、最大分闸速度和最大合闸速度。检修和安装时要进行各种速度测量并调整到符合制造厂的要求。

少油断路器多备有测速杆,把其拧入动触头顶部,可以直接测量动触头的动作速度。有些油断路器不能直接测量动触头的运动速度,可以测量其绝缘提升杆的运动速度,它们的绝缘提升杆的运行速度也就是其动触头的动作速度。

运动速度的测量必须在额定操作电压(或液压)下快速分闸的合闸时进行。注满油时测得的速度往往比无油慢,一般三相操作的多油断路器可能差 5% ~ 8%。

用电磁振荡器测量油断路器分、合闸速度,是简单易行、应用较广泛的一种方法。

(3)油断路器分、合闸时间的测量

油断路器检修和安装后都要测定它的合闸时间和固有分闸时间。对于可以自动重合闸的油断路器,还要测定自动重合闸时间、自动重合闸无电流时间或自动重合闸金属短接时间。

上述时间的调整应以制造厂提供的数据为准。

对于具有并联灭弧触头的油断路器,还要检查主触头与灭弧触头的分、合先后顺序,以及其分、合时差和行程差。要求合闸时灭弧触头先接触,分闸时主触头先分开。为了保护主触头不被烧伤,主触头下灭弧触头的合、分行程应不小于 70 mm。

三、真空断路器的维修

真空断路器,是以基本不需要维修的真空灭弧室(又称真空管)为主体及相关附件组合而成,它的操作机构由于动作行程短、结构简单、零部件少,因而故障少,被称为免维护电器。但是,真空断路器并不是完全不需要维修的,它在额定短路开断电流开断次数,或机械操作次数达到规定的次数后,都要进行适当的检查和维修。

(一)真空断路器巡视检查项目

①标志牌:名称、编号应齐全、完好。

②灭弧室:应无放电、无异音、无破损、无变色。

③绝缘子:应无断裂、裂纹、损伤、放电等现象。

④绝缘拉杆:应完好、无裂纹。

⑤各连杆、转轴、拐臂:无变形、无裂纹,轴销齐全。

⑥引线连接部位:接触良好,无发热变色现象。

⑦位置指示器:应与运行方式相符。

⑧端子箱:电源开关完好、名称标注齐全、封堵良好、箱门关闭严密。

⑨接地:螺栓压接良好,无锈蚀。

⑩基础:无下沉、倾斜。

(二)真空断路器的检修

1. 真空灭弧室

真空灭弧室是真空断路器的主要元件,位于一只管形的玻璃管(或陶瓷管)内,密封着所有的灭弧元件,分合闸时通过动触杆运动,拉长或压缩波纹管而不破坏灭弧室内真空的装置。

①检查外观有无异常、外表面有无污损,如果绝缘外壳表面沾污,应用干布擦拭干净。

②动静触头累积磨损厚度超过 3 mm,就需要更换真空管。

③真空度的检查主要通过工频耐压法检查,在真空断路器处于开断状态下,应在真空灭弧管的触头间加上规定的预防性工频试验电压 1 min,无异常。

④每一次维护都要对真空断路器的触头开距、压缩行程、三相同期性进行检查及调整。

2. 高压带电部分

高压带电部分指真空灭弧室的静导电杆和动导电杆接到主回路端子以接通电路的部分,它由支持绝缘子、绝缘套管等绝缘元件支撑在真空断路器的框架上。

①检查导电部分有无变色、断裂、锈蚀,固定连接部分元件有无松动,绝缘有无破损、污损。

②测试主回路相对地、相与相之间及绝缘提升杆的绝缘电阻应不小于规定值。

③断路器在分、合闸状态下分别进行主回路相对、相间及断口的交流耐压试验 1 min,应合格;绝缘提升杆在更换或干燥后必须进行耐压试验。

④测试真空灭弧室两个端之间、主回路端之间的接触电阻,应不大于规定值。

3. 操作机构部分

真空断路器的操作机构一般采用电磁操作机构、电动或手动弹簧储能操作机构。

①检查紧固元件有无松动、各种元件是否生锈、变形、损伤、更换不合格的部件、涂上防锈油。

②多次进行分、合闸操作试验、自由脱扣试验、通电合闸操作试验,断路器应无异常。

③测试电磁操作机构在 120% ~ 65% 的额定电压范围内分合闸操作无异常;30% 额定分闸电压进行操作时,应不得分闸。在 110% ~ 85% 的额定电压范围分、合闸内操作无异常。

4. 控制组件

控制组件是操作断路器所不可或缺的部分,例如辅助开关、控制继电器、电源开关、端子排等。主要检查各个接线端子有无松动变色,微动开关、辅助开关的动作是否到位、触头有无烧损,各个电气及控制回路元件的绝缘电阻应不少于 2 MΩ。分、合线圈及合闸接触器线圈的直流电阻值与产品出厂试验值相比应无明显差别。有手持遥控装置的,还要进行遥控测试,其直线遥控距离一般不低于 8 m。

5. 注意事项

①需要用手触及真空断路器进行维护的,断路器必须处于开断状态。同时,还应断开主回路和控制回路,并将主回路可靠接地。

②采用储能弹簧操作机构的,要松开合闸弹簧才能维修。

③松动的螺栓、螺帽之类的零件要完全拧紧,弹簧垫片之类的零件用过之后,禁止再次使用。

(三)真空断路器的真空度及有关事项

真空断路器真空包真空度的好坏直接影响到断路器的灭弧性能和开断能力,甚至会危及电网的运行安全,为此,必须正确把握鉴定真空灭弧室的真空度质量及方法。鉴定方法有下述几种。

1. 火花计法

火花计法比较简单,只适用于玻璃管真空灭弧室。使用时,让火花探漏仪在灭弧室表面移动,在其高频电场的作用下,内部有不同的发光情况。若管内有淡青色辉光,则真空度符合要求;若呈红蓝色光,则说明管子已失效;如管内已处于大气状态,则不会发光。

2. 观察法

观察法只能定性地对玻璃真空管灭弧室进行观察。真空灭弧室内部真空度的劣化常常伴随着电弧颜色的改变及内部零件氧化。在断路器处于热备用时,若管内壁有红色或乳白色辉光出现时,则表明真空度失常,应立即更换。

3. 工频耐压法

工频耐压法是运行中常用的鉴定方法。当触头处于分闸状态时,施加 42 kV/min(对 10 kV 等级灭弧室)的工频试验电压不击穿,就能判断其真空度的好坏。

4. 真空度测试仪

利用专业真空度测试仪定量测定其真空度,目前比较精确的方法是磁控法。该方法适用于制造厂作为真空灭弧室的检测方法。

由于真空断路器灭弧管的触头经过多次开断电流后会磨损(电磨损)。因此,触头的厚度减少,波纹管的行程变大,对其灭弧性能将形成不良影响。制造厂对各种型号真空灭弧管的电磨损值都有明确的规定。当磨损值达到规定磨损值时,灭弧室就不能继续使用。为了准确掌握触头的累计电磨损值,断路器在第一次安装调试中,必须测量出动导电杆露出的某一基准长度,并做好记录,以此作为历史参考;在以后的每次检修中测量行程时,都要复测该长度,其值与第一次原始值之差就是触头的电磨损值;当其超过(3 mm)标准时就应当更换。

四、SF₆断路器的维修

(一)SF₆断路器的运行维护

1.SF₆断路器的日常巡视检查

①检查 SF₆气体压力是否保持在额定表压,如压力下降表明有漏气现象,应即时查出泄漏位置并进行消除操作,否则将危及人身及设备安全。

②检查外部瓷件有无破损、裂纹和严重污秽现象。

③检查接触端子有无发热变色,如有即应停电退出,进行消除后方可继续运行。

④在投入前应检查操作机构是否灵活,分、合闸指示及红绿灯信号是否正确。

⑤运行中应严格防止潮气进入断路器内部,以免由于电弧产生的氟化物和硫化物与水作用对断路器结构材料产生腐蚀。

巡视检查内容见表6.2。

表6.2　SF₆气体绝缘设备巡视检查项目及要求

检查项目	检查内容及技术要求	备　注
外观检查	(1)操作次数指示器,分合闸指示灯的指示应正常 (2)有无异常响声或气味发出 (3)接头处是否因过热而变色 (4)瓷套管是否有爆裂、损坏或沾污情况 (5)接地的支架外壳是否损伤或锈蚀	与设备运行状态一致 采用红外测温仪检测
操作装置和控制屏	(1)压力表的指示是否正常 (2)空气压缩机操作仪表指示是否正常	通过对操作箱和控制屏的观察进行检查 通过正面观察检查
空气泄漏	空气系统是否有漏气的声音	通过听、看等方法检查
排水	对气罐与管道进行排水	

2.SF₆断路器的泄漏要求

现场运行规程中规定,运行中的 SF₆断路器每隔 6 个月(选择最低温度下)要现场检漏一次,折算年漏气率在 3% 以下为正常,超过 5% 为一般缺陷,需加强泄漏监督,超过 20% 的退出运行,大修或给厂家退货。

3.检漏

(1)定性检漏

定性检漏只作为判断断路器(GIS)泄漏率的相对程度,而不测量其具体泄漏率。方法如下所述:

①抽真空检漏。这种方法主要在 GIS 安装或解体大修后配合真空干燥设备时进行。先将 GIS 抽真空至 132 MPa,维持 30 min,然后停泵,30 min 后读取真空度,再静置 5 h 读取真空度,后者与前者之差小于 132 Pa,初步认为密封性能良好。

②用肥皂泡检测。这是一种简单的定性检漏方法,能较准确地发现漏气点。

③检漏仪检漏。运行中 GIS 可直接对怀疑漏气的部位进行检漏。

（2）定量测量

①挂瓶检漏。用软胶管连接检漏孔和挂瓶，经过一定时间后，测量瓶内气体的浓度，通过计算确定相对泄漏率。此方法只适用于法兰面有双道密封槽的场合。

②扣罩法检漏。用塑料罩将 GIS 封罩在内，经一定时间后，测试罩内泄漏气体的浓度，通过计算确定相对泄漏率。扣罩前吹净待测设备周围残留的 SF_6 气体，扣罩时间一般为 24 h，然后根据设备大小，测试 2~6 点，求罩内 SF_6 气体的平均浓度，以便计算。

③局部包扎法检漏。设备局部用塑料薄膜包扎，经一定时间后测量包扎腔内气体浓度，再通过计算确定相对泄漏率，一般是在 24 h 后进行包扎腔内气体浓度的测量。

4. SF_6 断路器微水测定

SF_6 断路器气体中水分的存在不仅影响灭弧和绝缘性能，而且低温运行时极易结露引起 SF_6 断路器的事故，水分的存在使得 SF_6 气体受电弧在分解时产生大量有毒氟化物气体，危及人体健康。因此运行中 SF_6 气体含水量不能超过规定。SF_6 气体中微水测试的方法很多，重量法相对有效，现场测试受环境温度、接口、连接管道、操作方法等因素影响很大，尤其是测定用的连接管道应采用不锈钢或聚氯乙烯管并尽可能短，使用前应用电吹风风干和用纯净的氮气吹滤充分干净后才可使用。

（二）SF_6 断路器的检修

①SF_6 断路器在检修前，应先将断路器分闸，切断操作电源，释放操作机构的能量，用 SF_6 气体回收装置将断路器内的气体回收，残存的气体必须用真空泵抽出，使断路器内真空度低于 133.33 Pa。

②断路器内充入合适压力的高纯度的氮气（纯度在 99.99% 以上），然后放空，反复两次，以尽量减少内部残留的 SF_6 气体。

③解体检修时，环境的空气相对湿度不得大于 80%，工作场所应干燥、清洁，并应加强通风；检修人员应穿尼龙工作衣帽，戴防毒口罩、风镜，使用乳胶手套；工作场所严禁吸烟，工作间隙应清洗手和面部，重视个人卫生。

④断路器解体中发现容器内有白色粉末状的分解物时，应用吸尘或柔软卫生纸擦拭干净，并收集在密封的容器内深埋，以防扩散。切不可用压缩空气吹或用其他使粉末飞扬的方法清除。

⑤断路器的金属部件可用清洗剂或汽油清洗。绝缘件应用无水酒精或丙酮清洗。密封件不能用汽油清洗，如有问题一般应全部更换。

⑥与 SF_6 气体接触的零部件及密封圈可涂一层聚四氟乙烯润滑脂，密封圈外侧法兰面应涂凡士林或防冻脂。

⑦断路器内的吸附剂应在解体检修时更换，换下的吸附剂应妥善处理防止污染扩散。换上的吸附剂应先在烘箱中烘燥，待自然冷却后立即装入断路器，要尽量减少在空气中的暴露时间。吸附剂的装入量为充入断路器的 SF_6 气体质量的 1/10。

⑧断路器解体后如不及时安装，应将绝缘件放置在烘箱或烘间内以保持干燥。

（三）SF_6 断路器可能出现故障的分析及检修

1. 漏气分析及处理

①密度继电器发信号：

a. 密度继电器动作值出现误差，误发信号，对其进行调整或更换；二次接线出现故障，找出错点,改正接线。

b.断路器本体漏气,找出漏气原因,再作针对处理。

②当 SF_6 气体正常渗漏至密度继电器发信号时,可按 SF_6 气体压力—温度曲线进行补气,使其达到额定压力;补气时可在带电运行状态下进行。

③当 SF_6 气体压力迅速下降或出现零表压时,应立即退出运行;并分析是否是由于下列原因造成漏气:

a.焊接件质量有问题,焊缝漏。

b.铸件表面漏气(有针孔或砂眼)。

c.密封圈老化或密封部位的螺栓、螺纹松动。

d.气体管路连接处漏气。

e.压力表或密度继电器漏气,应予以更换。

找出具体漏气原因,在制造厂家协助下进行检修。

注:当运行中断路器发生严重泄漏故障时,运行或检修人员需要接近设备时,应从上风方向接近,必要时应戴防毒面具,穿防护衣,并应注意与带电设备的安全距离。

2.拒合或合闸速度偏低

①合闸铁芯行程小,吸合到底时,定位件与滚轮不能解扣,调整铁芯行程。

②连续短时进行合闸操作,使线圈发热,合闸力降低。

③辅助开关未转换或接触不良,要进行调整,并检查辅助开关的触点是否有烧伤,有烧伤时要予以更换。

④合闸弹簧发生永久形变,合闸不足。

⑤合闸线圈断线或烧坏,应更换。

⑥合闸铁芯卡住,应检查并进行调整,使其运动灵活。

⑦扇形板未复位或与半轴的间隙过小(小于 1 mm),原因是分闸不到位或调整不当,应重新调整。

⑧扇形板与半轴的扣接量过小,应调整 2 ~ 4 mm,或扇形板与半轴扣接处有破损应予以更换。

⑨合闸定位件或凸轮上的滚轮热处理硬度偏低,有变形现象,应予以更换。

⑩机构或本体有卡阻现象,要进行慢动作检查或解体检查,找出不灵活部位重新装调。

⑪分闸回路串电,即在合闸过程中,分闸线圈有电流(其电压超过30%额定操作电压),分闸铁芯顶起,此时应检查二次回路接线是否有错,并改正错误。

⑫电源压降过大,合闸线圈端电压达不到规定值,此时应调整电源并加粗引线。

⑬控制回路没有接通,要检查何处断路,如线圈的接线端子处引线未压紧而接触不良等,查出问题后应进行针对性处理。

3.拒分或分闸速度低

①半轴与扇形板调整不当,扣接量过大(扣接量一般应调整为2 ~ 4 mm)。

②辅助开关未转换或接触不良,要进行调整,并检查辅助开关的触点是否有烧伤,有烧伤要予以更换。

③分闸铁芯未完全复位或有卡滞,要检查分闸电磁铁装配是否有阻滞现象,如有应排除。

④分闸线圈断线或烧坏应予以更换。

⑤分闸回路参数配合不当,分闸线圈端电压达不到规定数值,应重新调整。

⑥控制回路没有接通,要检查何处断路,然后进行针对性处理。

⑦机构或本体有卡阻现象,影响分闸速度,可慢分或解体检查,重新装配。

⑧分闸弹簧预拉伸长度达不到要求,适当调整预拉伸长度。

⑨分闸弹簧失效,分闸功不足,可更换分闸弹簧。

4.合闸弹簧不储能或储能不到位

①控制电机的自动空气开关在"分"位置,应予以关合。

②对控制回路进行检查,有接错、断路、接触不良等,应进行针对性处理。

③接触器触点接触不良,应予调整。

④行程开关切断过早,应予调整,并检查行程开关触点是否烧坏,有烧伤要予以更换。

⑤检查机构储能部分,有无卡阻、配合不良、零部件破损等现象,如有应予以排除。

5.水分超标(渗进水分)

①更换吸附剂。

②抽真空,干燥或更换 SF_6 气体。

(四)SF_6 断路器解体检修防护

1.当出现下列情况时,SF_6 断路器应进行解体大修

①断路器运行时间已达到 10 年;经检查后存在严重影响设备安全运行的异常现象。

②操作次数已达到断路器所规定的机械寿命次数。

③累计开断电流达到断路器所规定的累计开断数值。

④异常现象的判定及累计开断数值可参见制造厂诊断说明。

2.解体检修工艺及要求

①断路器解体检修时应注意检修环境要清洁干燥,通风良好,应备有必要的防护措施,如防毒面具、防护服和防护手套,应有 SF_6 气体和化学废物的处理设备和措施。

②程序(具体要求详见《六氟化硫电气设备运行、试验及检修人员安全防护细则》)。

a.检修人员戴防毒面具将断路器内的 SF_6 气体放掉(放出的气体应通过 10% 的 NaOH 水溶液排出),然后抽真空,绝对压力应达到 133 Pa,再用氮气冲洗 3 次,充气冲洗压力 0.2 MPa (气体仍通过 NaOH 水溶液排出)。

b.检修人员穿戴防护服及防毒面具将 SF_6 断路器封盖打开后,暂时撤离现场 30 min。

c.检修人员戴防毒面具或氧气呼吸器和防护手套将吸附剂取出,用吸尘器和毛刷清除粉尘,用丙酮清洗金属和绝缘件。

d.拆卸废弃物处理至中性后(放入 20% NaOH 水溶液中浸泡 12 h 后)深埋。

e.解体后主要检查更换磨损、烧损及腐蚀比较严重的零件,更换紧固件、弹簧、绝缘件、已老化的密封圈、绝缘件,以及更换吸附剂(更换下的吸附剂及废弃物应按有关规定妥善处理)等。

f.重新清洗各零部件(用工业酒精),绝缘件送入烘炉在 80 ~ 100 ℃烘 4 h 后进行装配,吸附剂在 500 ~ 550 ℃烘干 2 h 后装配,装配时应迅速,并及时对本体封闭。

g.整体装配结束后,随即抽真空至 133 Pa,维持真空泵运转 30 min 以上,然后停止真空泵观察 30 min 后读取真空度值,再静观 5 h 以上,第二次读取真空度值,两读数之差不大于 65 Pa 为合格,否则,查找漏气点。抽真空时要绝对防止误操作,以免引起真空泵倒灌事故。

h. 对充气管道进行干燥处理,充入合格的 SF_6 气体至额定压力(20 ℃)。

i. 充气 24 h 后,用 SF_6 气体检漏仪检测漏气率,要求年漏气率≤1%,微水含量≤150 ppm(20 ℃),特别要注意管道、接头、阀门等处。

j. 断路器装配完毕后,主要技术参数应达到标准,并按标准进行机械特性及电气性能试验;工作结束后将使用过的防护用具清洗干净,检修人员要洗澡。

任务二　隔离开关的运行与维护

隔离开关的作用。一是隔离电源。在检修电气设备时,用隔离开关将需要检修的电气设备与电网隔离,形成明显可见的断开点,以保证检修人员的安全。二是倒闸操作。在双母性形式的电气主接线中,利用与母线相连的隔离开关将电气设备或供电线路从一组母线切换到另一组母线上去。三是接通或断开小电流电路。可利用隔离开关接通或切断下列电路:电压互感器,避雷器,长度不超过 10 km 的 35 kV 空载线路或长度不超过 5 km 的 10 kV 空载线路,35 kV、100 kV·A 及以下和 110 kV、3 200 kV·A 及以下的空载变压器。

隔离开关的维修如下所述。

(一)隔离开关的运行维护

①隔离开关操作之前,应检查与隔离开关连接的断路器是否处在断开位置,以防带负荷拉、合隔离开关。

②手动拉、合隔离开关时,应按"慢—快—慢"的过程进行。

③隔离开关手动拉闸操作完毕,应锁好定位销,防止滑脱引起带负荷关合电路或带地线合闸。

④巡视检查隔离开关时应重点检查其每相触头接触是否紧密,并检查绝缘子清洁度、本体机械部分无变形、引线无松动和烧伤、操作机构各部件完好无损等。

(二)隔离开关的检修

1. 高压隔离开关大、小修项目及检修周期

(1)小修

①检查隔离开关外部。

②清扫绝缘瓷瓶上的油泥和灰尘。

③检查开关刀夹及弹簧,清除烧损点及氧化物。

④检查开关刀片并润滑转动机构。

⑤检查隔离开关的接地线。

⑥检查各连接点的接触情况及瓷瓶、母线、支架。

⑦油漆隔离开关构架。

(2)大修

①按小修规定项目检查并更换损坏部件。

②检修或更换过热的刀夹、刀嘴(静触头)。

③必要时解体检修转动机构。

④调整试验。

（3）事故检修

①触头发热。

②机械不灵活。

③瓷柱闪络断裂。

（4）隔离开关的检修周期

隔离开关每半年应安排一次小修（污秽严重地区可间隔时间更短一些），大修可4～5年一次，根据运行和缺陷情况，大修间隔时间可适当延长或缩短。

2.隔离开关的检修

小修时进行清扫、触头检查、机构注油和调整。大修时，导电回路和传动、操动机构应进行分解、清洗、检查、修理和调整。

一般检修内容：

①仔细擦净瓷件表面的灰尘，检查瓷件表面有无掉釉、破损、裂纹及闪络痕迹，绝缘子的铁瓷黏合部位应牢固，否则应根据实际情况考虑更换。

②用汽油擦净刀片、触头或触指上的油污，检查接触表面应清洁无机械损伤，无氧化膜及过热痕迹，无扭曲变形现象，必要时应用砂布打磨触头接触面或拆下触头、刀片等，用锉刀修整接触面，最后涂以中型凡士林，表面镀银的接触面不可锉掉或磨掉，否则应重新镀银。

③触头或刀片上的附件如弹簧、螺丝、垫圈、开口销等应保证齐全无缺陷。

④GW型隔离开关的刀片动作机构应完整不变形，轴销活动应灵活并注润滑油。

⑤有软连接的隔离开关不应有折损、断股等现象。

⑥隔离开关和母线或断路器连接的引线部分应牢固无过热现象，对过热严重的部件应打开检修使其导电良好。

⑦检查与清扫隔离开关的操动机构和传动机构，并在轴承、蜗轮处注入适量的润滑油。

⑧传动机构与带电部分的绝缘距离要符合要求。

⑨定位器和制动装置应牢固且动作正确。

⑩对带有均压装置的隔离开关，其均压环等不应变形，且连接件紧固可靠。

⑪检查隔离开关底座固定情况和接地是否良好。

导电回路的检修：

①检查导电部分的接触面应清洁、平整无烧伤和过热痕迹。清除接触面的氧化层。

②固定接触面上涂电力复合漆。

③用螺栓拧紧的接触面应紧密牢固。

④检查固定触头夹片与活动刀闸的接触压力，用0.05×10的塞尺检查，其塞入深度不应大于6 mm。如果接触不紧，对户内型隔离开关可以调节刀闸两侧的压力；对户外型隔离开关，应根据触头的不同结构进行调整。

⑤户内式隔离开关（刀闸式）在合闸位置时，刀闸应距静触头底部3～5 mm，以免刀闸冲击绝缘子。若间隙不够，应调节拉杆的长度或拉杆绝缘子调节螺栓的长度。

⑥检查两接触面的中心线是否在同一直线上，若有偏差，可略微改变静触头与支持瓷柱的位置予以调整。

⑦隔离开关处于合闸位置时，触头压力应符合标准，转动的瓷柱转动应灵活。

⑧三相联动的隔离开关，不同期差不应超过规定值。否则，应调整拉杆的长度或拉杆绝缘

子调节螺栓的长度,至达到要求为止。

绝缘支柱的检修:

①检查固定及转动的支柱绝缘子表面,应光洁发亮,无破损、裂纹、斑点和放电痕迹,无松动现象。底座应无变形、锈蚀及损伤等情况。

②活动绝缘子与传动机构部分的紧固螺钉、连接销子及垫圈应齐全紧固。

传动装置和超动机构的检修:

①清除传动装置和操动机构的集灰和脏污,检查各部分的螺钉、垫圈、销子应齐全完备,连接紧固。各零件应无锈,无开焊、无变形。各转动部分应涂以润滑油。

②传动拉杆应无变形、无开裂情况。

③蜗轮蜗杆机构组装后应检查啮合情况,不能有磨损和卡涩现象。

④辅助接点、闭锁装置应清洁,接触良好,有完好的防尘防雨罩。

⑤操动机构检修完毕,应进行分合闸操作 3~5 次,检查操动机构和传动部分动作是否灵活可靠,有无松动现象。

接地刀闸的检修:

①接地刀闸闭合时,动、静柱头应闭合,且不能自动断开。

②接地刀闸分闸后,至带电部分的最小距离应满足规程的要求。

③接地刀闸操动机构与隔离开关超动机构应满足连锁要求:即接地刀闸处于合闸位置时,隔离开关应处于分断位置;隔离开关处于合闸位置时,接地刀闸应处在分断位置。

3.隔离开关的调整

经过检查和修理的隔离开关在组装后必须进行调整,使其动作性能符合厂家或规程要求,调整项目主要有:

①使隔离开关合闸,用 0.05 mm 塞尺检查触头接触情况,对于线接触应塞不进去,对于面接触其塞入深度不应超过 4~6 mm,否则应对接触面进行锉修或整形,使之接触良好。

②合闸位置时触头弹簧各圈之间的间隙应不大于 0.5 mm 且均匀。

③用弹簧秤将活动触头从固定触头中拉出,其最小拉力不应小于表 6.3 中的数值(这时应将传动机构解脱且单相进行,接触面应是干的)。

表 6.3　从固定触头中拉出其最小拉力

额定电流/A	拉力/N	额定电流/A	拉力/N
400	98	2 000	392
600	196	3 000	688
1 000	392	4 000	688
1 500	392	5 000	699

④隔离开关组装好后,将其缓慢合闸,观察闸刀是否对准固定触头的中心落下或进入,有无偏卡现象,如有则应调整绝缘子,拉杆或其他部件消除缺陷。

⑤隔离开关的闸刀张角或开距应符合要求,户内型隔离开关在合闸后,闸刀应有 3~5 mm 的备用行程,三相同期性符合厂家要求。

⑥检查调整辅助触点的切换应正确并打磨其触点,确保接触良好。

⑦隔离开关的闭锁、止点装置应正确、可靠,此外应按规定做预防性试验。

4.隔离开关的试验

（1）测量绝缘电阻

设备交接及大修时,或每隔1～3年,使用2 500 V摇表测量绝缘电阻。

有机材料传动杆的绝缘电阻:额定电压为5～15 kV,应大于1 000 MΩ;额定电压为20～220 kV,应大于2 500 MΩ。各胶合元件的绝缘电阻应大于300 MΩ。

（2）交流耐压试验

大修时对35 kV及以下的隔离开关应进行交流耐压试验,其目的是检查隔离开关支柱绝缘子的绝缘水平,试验电压见表6.4。

表6.4　交流耐压试验表

额定电压/kV	3	6	10	35	60	110	220
试验电压/kV	24	32	42	95	155	250	220

对220 kV的隔离开关,因试验电压太高,现场不具备试验条件,可不做交流耐压。

（3）测量操动机构线圈的最低动作电压

操动机构线圈的最低动作电压,应在额定电压的30%～80%范围内。气动或液压机构应在额定压力先进行工作。

5.检查隔离开关动作情况

在额定电压85%、100%及110%下分合闸各两次,应动作良好,无卡涩现象。检查闸刀与接地刀闸应闭锁良好,手动操作两次,应动作正常。此外,还要进行其他项目试验,对220 kV隔离开关的标准如下:

①导电回路电阻,在直流100 A以下,应小于80 μΩ。

②辅助回路绝缘电阻,应大于1 MΩ,交流耐压试验电压2 kV。

③分、合闸时间为6～10 s。

任务三　避雷器的运行与维护

避雷器是用来限制作用于电气设备上的过电压的一种防雷保护设备。当线路落雷后,雷电波沿线路入侵到变电所或其他设备,将造成变压器、电压互感器或大型电动机绝缘的损坏,因而必须设置避雷器进行保护。

避雷器实质上是一种放电器,并接在被保护设备的附近。避雷器的类型可分为管型避雷器、阀型避雷器和氧化锌避雷器。目前应用最多的是氧化锌(ZnO)避雷器,少部分采用阀型避雷器。普通阀型避雷器有FS和FZ两种系列。

一、避雷器的运行维护

避雷器维护检查的项目如下所述。

①避雷器外部瓷套是否完整,如有破损和裂纹者不能使用。检查瓷表面有无闪络痕迹。

②检查密封是否良好。配电用避雷器顶盖和下部引线处的密封混合物若是脱落或龟裂,应将避雷器拆开干燥后再装好。高压用避雷器若密封不良,应进行修理。

③检查引线有无松动、断线或断股现象。

④摇动避雷器检查有无响声,如有响声表明内部固定不好,应予检修。

⑤对有放电计数器与磁钢计数器避雷器的装置,应检查它们是否完整。

⑥避雷器各节的组合及导线与端子的连接,对避雷器不应产生附加应力。

二、避雷器的检修

每年雷雨季节到来之前对避雷器进行一次预防性试验,发现质量不良或外表有明显缺陷者才进行检修。

1.氧化锌避雷器的试验项目、周期和标准

氧化锌避雷器的试验项目、周期和标准见表6.5。

表6.5　氧化锌避雷器的试验项目、周期和标准

项　目	周　期	标　准	说　明
测量绝缘电阻	发电厂、变电所每年雷雨季前	(1)35 kV 及以上的避雷器绝缘电阻应不低于 1 000 MΩ (2)35 kV 以上的避雷器绝缘电阻应不低于 2 500 MΩ	(1)35 kV 以下用 2 500 V 兆欧表 (2)35 kV 以上用 5 000 V 兆欧表
测量直流 1 mA 以下的电压及 75% 该电压下的泄漏电流	发电厂、变电所每年雷雨季前	(1)1 mA 电压值与初始值比较,变化应不大于 ±5% (2)75% "1 mA 电压" 下的泄漏电流应不大于 50 μA	试品通过 1 mA 直流时,被试品两端的电压值,称为 1 mA 电压值
测量运行电压下交流泄漏电流	发电厂、变电所每年雷雨季前	测量运行电压下的泄漏电流及其有功、无功分量,并与初始值比较,当有功分量泄漏电流增加到 1 倍初始值时,应将监视周期缩短为 3 个月 1 次	试验时要记录大气条件

阀型避雷器的试验项目、周期和标准见表6.6。

表6.6　阀型避雷器的试验项目、周期和标准

项　目	周　期	标　准	说　明
测量绝缘电阻	(1)发电厂、变电所内每年雷雨季前 (2)解体大修后	(1)FZ、FCZ 和 FCD 型避雷器的绝缘电阻自行规定,但与前一次或同类型的测量数据比较无显著变化 (2)FS 型避雷器绝缘电阻不应低于 2 500 MΩ	(1)用 2 500 kV 兆欧表 (2)FZ、FCZ 和 FCD 型主要检查并联电阻通断和接触情况

续表

项目	周期	标　准						说　明

项目	周期	标　准	说　明
测量电导电流及检查串联组合元件的非线性系数差值	（1）每年雷雨季前 （2）解体大修后	（1）FZ、FCZ、FCD型避雷器的电导电流按制造厂标准，与历年数据比较，不应有显著变化 （2）同一相内串联组合元件的非线性系数差值，不应大雨0.05；电导电流相差值（%）不应大于30% （3）试验电压见下表	（1）整流回路中，应加滤波电容器，其中电容值一般为0.01～0.1 μF，并应在高压侧测量电压 （2）由两个及以上元件组合避雷器，应对每两个元件进行试验

元件额定电压/kV	3	6	10	15	20	30
试验电压 U_1/kV				8	10	12
试验电压 U_2/kV	4	6	10	16	20	24

项目	周期	标　准	说　明
测量工频放电电压	（1）每1～3年一次 （2）解体大修后	（1）FZ、FCZ和FCD型避雷器按制造厂规定 （2）FS型避雷器的工频放电电压在下列范围内：	带有非线性并联电阻的阀型避雷器只在解体大修后

额定电压/kV		3	6	10
放电电压/kV	大修后	9～11	16～19	26～31
	运行中	8～12	15～21	23～33

项目	周期	标　准	说　明
检查密封情况	解体大修后	避雷器内控抽真空到（380～400）×133.3 Pa后，在5 min内，其内部气压的增加不应超过133.3 Pa	

2.避雷器故障维修

（1）受潮维修

FZ系列及氧化锌避雷器受潮及其修理见表6.7。

表6.7　FZ系列及氧化锌避雷器受潮及修理

受潮原因	修理方法
（1）密封小孔未焊牢引起潮气进入	密封试验后，焊牢小孔，仔细检查焊口，防止虚焊
（2）密封垫圈老化开裂，失去密封作用	更换密封垫圈
（3）瓷套与法兰胶合处不平整或瓷套有裂纹	可采用加厚密封垫圈的办法来调整或重新胶合，瓷套有裂纹应予调换
（4）上下密封底板位置不正，四周密封螺栓受力不均或松动，使底部开裂引起空隙，或密封垫圈位置不正	在检修复装时，注意橡皮垫圈位置，在旋紧底板时防止垫圈位移，四周密封螺栓均匀旋紧，底板歪斜过度应平整处理后再复装

FS 系列避雷器受潮及修理见表 6.8。

表 6.8 FS 系列避雷器受潮修理

受潮原因	修理方法
(1)—(3)同 FZ 系列	同 FZ 系列
(4)瓷套顶部密封用的螺栓垫圈未焊死或长期运行后垫圈老化开裂,潮气水分沿螺栓渗入内腔	拆除螺栓,将螺栓和垫圈焊死,并更换已老化的橡皮垫圈
(5)顶部紧固用的螺栓在安装时被旋松,引起顶部漏水	瓷套顶部螺杆上应配有 3 只螺帽,最下面一只旋紧后涂上堵漏胶

(2)工频放电电压不合格维修

工频放电电压不合格维修见表 6.9。

表 6.9 避雷器工频放电电压不合格的修理

故障类型	原　因		修理方法
放电电压偏低	1. 内部间隙位移	(1)压紧弹簧松弛,搬运时使内部间隙产生位移	调紧弹簧或用金属管或经短接的阀片填高使压力增加
		(2)固定内部间隙用的小瓷套破碎使间隙电极位移	更换良好的小瓷套,并重新调整间隙工频放电电流
	2. 黏合的云母垫圈因受潮膨胀使间隙增大		更换云母垫圈或将电极与云母片干燥处理重新黏合
	3. 制造厂未控制工频放电电压上限值		重新测量单个火花间隙的工频放电电压,对偏高者进行调整
	4. 潮气使电极腐蚀生成残留物;绝缘垫圈及固定间隙用小瓷套绝缘下降,使电压分布不均匀		清洗间隙电极、烘燥绝缘垫圈及瓷套内部构件,重新调整间隙工频放电电压
	5. 避雷器多次动作放电使电极灼伤产生毛刺		调换严重灼伤的电极,一般灼伤用 0 号砂纸砂平毛刺并重新调整间隙及工频电压
	6. 组装不当,使部分间隙被短接		重新组装并测量间隙工频电压
	7. 密封抽气后,未放进足量气体使瓷套内部气压低于正常气压		抽气密封试验后,过 5 min 再放入足量的干燥空气后密封小孔
	8. 弹簧压力过大,使小瓷套破碎、间隙变形、距离缩小		更换压力适当的弹簧及破碎小瓷套,重新调整间隙
	9. 避雷器内各对非线性分路电阻不均匀或变质,造成各对间隙上的电压分布不均匀		更换不合格的分路电阻并重新调整

（3）电导电流不合格及维修

电导电流不合格的原因分析及修理见表 6.10。

表 6.10　电导电流不合格原因及修理

原　因	修理方法
分路电阻老化、变质	测试分路电阻，更换不合格电阻
运输、搬运不当或安装不慎将分路电阻震断	更换断裂的分路电阻
铆接松脱、接触不良或胶合处接触不良	重新铆接
分路电阻受潮	烘燥后重新组合

（4）阀片损坏维修

阀片损坏的原因分析及修理方法见表 6.11。

表 6.11　阀片损坏原因及修理方法

损坏原因	修理方法
阀片受潮后表面出现白色氧化物	将阀片进行干燥处理，测量残压后重新组合使用
制造不良或内过电压下经常动作造成阀片上出现放电黑点或贯穿性小孔	更换有贯穿性小孔的阀片；测量有黑点的阀片，更换不合格者
装配、运输冲击导致阀片碰撞而使釉面脱落损坏	更换损坏的阀片

任务四　电力并联电容器的运行维护

电力并联电容器适用于频率为 50 Hz 交流输配电系统与负荷相并联，用于提高功率因数、调整电网电压、降低线路损耗以充分发挥发电、供电和用电设备的利用率，提高供电质量。

一、电力电容器的运行维护

正常运行时，运行人员应进行不停电维护项目：

①电容器外观、绝缘子、台架及外熔断器检查及更换。

②电容器不平衡电流的计算及测量。

③每季定期检查电容器组设备所有的接触点和连接点一次。

④在电容器运行后，每年测量一次谐波。

正常巡视项目及标准如下所述。

①检查瓷绝缘有无破损裂纹、放电痕迹，表面是否清洁。

②母线及引线是否过紧过松，设备连接处有无松动、过热。

③设备外表涂漆是否变色、变形，外壳无鼓肚、膨胀变形，接缝无开裂、渗漏油现象，内部无异声。外壳温度不超过50 ℃。

④电容器编号正确，各接头无发热现象。

⑤熔断器、放电回路完好，接地装置、放电回路是否完好，接地引线有无严重锈蚀、断股。熔断器、放电回路及指示灯是否完好。

⑥电容器室干净整洁，照明通风良好，室温不超过40 ℃或低于 -25 ℃。门窗关闭严密。

⑦电抗器附近无磁性杂物存在；油漆无脱落、线圈无变形；无放电及焦味；油电抗器应无渗漏油。

⑧电缆挂牌是否齐全完整，内容正确，字迹清楚。电缆外皮有无损伤，支撑是否牢固，电缆和电缆头有无渗油漏胶，发热放电，有无火花放电等现象。

特殊巡视项目及标准如下所述。

①雨、雾、雪、冰雹天气应检查瓷绝缘有无破损裂纹、放电现象，表面是否清洁；冰雪融化后有无悬挂冰柱，桩头有无发热；建筑物及设备构架有无下沉倾斜、积水、屋顶漏水等现象。大风后应检查设备和导线上有无悬挂物，有无断线；构架和建筑物有无下沉倾斜变形。

②大风后检查母线及引线是否过紧过松，设备连接处有无松动、过热。

③雷电后应检查瓷绝缘有无破损裂纹、放电痕迹。

④环境温度超过或低于规定温度时，检查温蜡片是否齐全或熔化，各接头有无发热现象。

⑤断路器故障跳闸后应检查电容器有无烧伤、变形、移位等，导线有无短路；电容器温度、音响、外壳有无异常。熔断器、放电回路、电抗器、电缆、避雷器等是否完好。

⑥系统异常（如振荡、接地、低频或铁磁谐振）运行消除后，应检查电容器有无放电，温度、音响、外壳有无异常。

二、集合式并联电容器的检修

集合式并联电容器目前有两大类产品：一种是坚固化产品，它将箱盖与壳体的橡皮密封改为电焊焊封，提出应在使用寿命内（预计10万 h），一次用完为止，中间不考虑大修。这种产品实质上和大容量高压并联电容一样，外部取消了油枕和呼吸器，实行完全密封；内部取消了单元箱体，有利于散热。由于温度变化引起油体积变化全靠箱内的扩张器或膨胀器调节补偿，但有故障必须返厂检修。另一类产品是带有油枕和呼吸器的，外观很像变压器。内部的小单元电容器是密封件，不能打开修理。但当大油箱中发生故障时，如引出线或连接线对地绝缘故障可在现场处理，像变压器检修的吊芯一样检修。

集合式电容器壳内绝缘油的作用主要是冷却散热（小单元电容器装在油箱内具有全绝缘水平），因此也称为绝缘冷却油。绝缘冷却油每年要取油样进行试验，其击穿电压应不小于35 kV/2.5 mm，达不到要求的，可用滤油机进行循环过滤处理，或用合格的变压器油更换，油样要从取样阀放取。电容器箱体内的油需要补充的，可用标号相同的变压器油补充。油枕中油面位置应始终高于瓷套上顶端，使出线瓷套处于满充油状态。呼吸器中的硅胶如果由蓝变红，应立即更换，更换时应同时取油样测定击穿电压。

电容器组和集合式电容器常见故障及处理办法见表6.12。

表 6.12　电容器常见故障及处理办法

故障情况	现　象	处理方法
电容器内部异常	漏油,套管损伤,外壳变形或损伤,有异响、异臭、温度异常,继电保护动作、熔丝熔断、电容量异常,绝缘电阻下降	补漏或更换电容器
装置电压过高	电容器温度升高,电流指示增大	切换变压器分接头,使电压下降
高次谐波流入	端子过热变色,外壳变形、异音、噪声、温度升高,电流指示增大、继电保护动作	根据谐波次数装设串联电抗器
电容器极对外壳短路接地	漏油、套管损伤、异响、噪声、继电保护动作,熔丝熔断、电容量异常,绝缘电阻下降	清除短路接地点及闪络处理,或更换电容器
端子安装不牢	端子过热变形、异响、噪声、异臭、电流指示异常	端子接线拧紧装牢
绝缘油劣化	绝缘电阻下降	换油或更换电容器
油量过少	漏油、油面降低、温度上升、绝缘电阻下降	补充油或更换电容器
开关未合好	异响、噪声、电流指示异常	检修或更换开关
电容器选择不当	端子过热变色、温度升高、电流指示异常,保护动作,熔丝熔断	更换适当规格的电容器
涌流过大	异响、熔丝熔断	装串联电抗器
性能自然老化	漏油、油面降低、绝缘电阻下降	更换新电容器

集合式电容器试验项目、周期和要求见表 6.13。

表 6.13　集合式电容器试验项目、周期和要求

序号	项目	周期	要求	说明
1	相间和极对壳绝缘电阻	(1)1～3年 (2)吊芯修理后	自行规定	(1)用 2 500 兆欧表 (2)仅对有 6 个套管的三相电容器测量相间绝缘电阻
2	电容值	（1）投运后 1年内 (2)1～5年 (3)吊芯修理后	(1)每相电容值不超过规定值 -5% 或 +10%,且不超过出厂值的 -4% (2)相间电容最大值与最小值之比不大于1.1	—
3	相间和极对壳交流耐压试验	(1)必要时 (2)吊芯修理后	试验电压为出厂试验值的75%	仅对有 6 个套管的三相电容器进行相间耐压
4	绝缘油介电强度	(1)1～3年 (2)吊芯修理后	(1)新油不低于 60 kV (2)运行中油自行规定	—
5	渗漏油检查	1 年	漏油应修复	观察法

检查处理电容器故障时的注意事项：

①电容器组断路器跳闸后，不允许强送电。过流保护动作跳闸应查明原因，否则不允许再投入运行。

②在检查处理电容器故障前，应先拉开断路器及隔离刀闸，然后验电装设接地线。

③由于故障电容器可能发生引线接触不良，内部断线或熔丝熔断，因此有一部分电荷有可能未放出来，所以在接触故障电容器前应戴绝缘手套，用短路线将故障电容器的两极短接，方可动手拆卸。对双星形接线电容器组的中性线及多个电容器的串接线，还应单独放电。

任务五　互感器的运行与维护

一、互感器的检修分类及周期

1. 互感器的检修分类

（1）小修

互感器不解体进行的检查与修理，一般在现场进行。

（2）大修

互感器解体暴露器身（SF_6 互感器、电容式电压互感器的分压电容器、330 kV 及以上电流互感器除外），对内外部件进行的检查与修理，一般在检修车间进行。经与制造厂协商后，也可返厂进行。

（3）临时性检修

发现有影响互感器安全运行的异常现象后，针对有关项目进行的检查与修理。

2. 互感器的检修周期

①小修每 1~3 年一次，一般结合预防性试验进行。运行在污秽场所的互感器应适当缩短小修周期。

②大修根据互感器预防性试验结果及运行中在线监测结果（如有）进行综合分析判断，认为确有必要时进行。

③临时性检修针对运行中发现的严重缺陷及时进行。

二、互感器的检修项目

（一）互感器的小修项目

1. 油浸式互感器

①外部检查及清扫。

②检查维修膨胀器、储油柜、呼吸器。

③检查紧固一次和二次引线连接件。

④渗漏处理。

⑤检查紧固电容屏型电流互感器及油箱式电压互感器末屏接地点，电压互感器 N(X) 端接地点。

⑥必要时进行零部件修理与更新。

⑦必要时调整油位或氮气压力。

⑧必要时补漆。

⑨必要时加装金属膨胀器进行密封改造。

⑩必要时进行绝缘油脱气处理。

2. 固体绝缘互感器

①外部检查及清扫。

②检查紧固一次及二次引线连接件。

③检查铁芯及夹件。

④必要时补漆。

3. SF₆气体绝缘互感器(独立式)

①外部检查及清扫。

②检查气体压力表、阀门及密度继电器。

③必要时检漏或补气。

④必要时对气体进行脱水处理。

⑤检查紧固一次与二次引线连接件。

⑥必要时补漆。

4. 电容式电压互感器

①外部检查及清扫。

②检查紧固一次与二次引线及电容器连接件。

③电磁单元渗漏处理,必要时补油。

④必要时补漆。

(二)大修项目

1. 油浸式互感器

①外部检查及修前试验。

②检查金属膨胀器。

③排放绝缘油。

④一、二次引线接线柱瓷套分解检修。

⑤吊起瓷套或吊起器身,检查瓷套及器身。

⑥更换全部密封胶垫。

⑦油箱清扫、除锈。

⑧压力释放装置检修与试验。

⑨绝缘油处理或更换。

⑩呼吸器检修,更换干燥剂。

⑪必要时进行器身干燥处理。

⑫总装配。

⑬真空注油。

⑭密封试验。

⑮绝缘油试验及电气试验。

⑯喷漆。

2. SF_6 气体绝缘互感器(独立式)

①外部检查及检修前试验。

②一、二次引线连接紧固件检查。

③回收并处理 SF_6 气体。

④必要时更换防爆片及其密封圈。

⑤必要时更换二次端子板及其密封圈。

⑥更换吸附剂。

⑦必要时更换压力表、阀门或密度继电器。

⑧补充 SF_6 气体。

⑨电气试验。

⑩金属表面喷漆。

3. 电容式电压互感器

①外部检查及修前试验。

②检查电容器套管,测量电容值及介质损耗因数。

③检查电磁单元。

④电磁单元绝缘干燥(必要时)。

⑤电磁单元绝缘油处理。

⑥更换密封胶垫。

⑦电磁单元装配。

⑧电磁单元注油或充氮。

⑨电器试验。

⑩喷漆。

三、大修前的准备工作

①收集分析运行中发现的缺陷和异常情况,预防性试验结果,结合在线监测数据变化,确定需要在大修中重点检查处理的项目。

②编制大修项目、质量标准、人员分工、进度计划。编制大修技术措施、主要施工工具、设备明细表,绘制必要的施工图。

③编制大修安全组织措施。

④准备好检验合格的材料与备件,如密封件、绝缘油、氮气、绝缘纸板、皱纹纸、环氧树脂配料以及其他常用材料和零件。

⑤准备好主要施工机具,如滤油机、真空泵、充氮机、储油罐、真空干燥罐、起吊设备等。

四、固体绝缘互感器的小修

(一)检查固体绝缘表面

①清扫绝缘表面积尘和污垢,必要时可使用清洗剂,然后用洁净水清洁表面并擦拭干净,固体绝缘表面清洁,无积尘和污垢。

②绝缘表面如有放电痕迹,可用细砂纸打磨掉碳化层,露出正常的树脂绝缘表面后用丙酮溶液清洗干净,重新填涂同型号的树脂材料,瓷件绝缘表面无放电痕迹及裂痕,铁罩无锈蚀。

树脂绝缘表面无碳化物。

③绝缘表面如有裂纹,应检查是否贯穿到一次绕组方向,如只是局部缺陷,可磨去裂纹部位,清洗后填涂同型号树脂材料,发现贯穿性裂纹时,应更换新的互感器。

④树脂浇注体的硅粉填料外露时,可在清洗后补涂同型号的树脂胶料。

⑤树脂绝缘表面的半导体涂层剥落时,可在清洗后补涂同型号的半导体漆。

(二)检查一次引线连接

①检查接线端子有无过热,如发现有过热后产生的氧化层,应分解一次引线,清除氧化层,涂导电膏后重新组装紧固,一次接线端子接触面无氧化层,紧固件齐全,连接可靠。

②检查一次引线紧固件是否已按要求紧固,缺少的螺栓垫圈应补全。

(三)检查母线型电流互感器等电位线是否连接可靠

清除接触面氧化层,拧紧紧固接线耳板的螺丝,等电位线的末端接线耳板与一次电流母线用螺丝紧固无松动,接触可靠。

(四)检查器身上的铭牌标志

①各接线端子的标志应齐全清晰,有缺损应重新做出标志。

②铭牌完好,有缺损应与厂家联系及时补全。

(五)检查铁芯及夹件

①夹件应紧固可靠,发现缺少紧固件应补全,松动时应把铁芯片平整后紧固可靠。

②铁芯及夹件表面漆膜完好,若有锈蚀,应清理除锈后重新涂漆。

五、SF_6 气体绝缘互感器的小修

(一)检查法兰板密封处

①发现紧固缺损应补全和更换,并按密封要求用规定力矩紧固。发现局部金属锈蚀应考虑气体泄漏可能,密封法兰无变形。

②检查法兰螺栓是否按规定力矩紧固,若未达到,应按密封紧固顺序进行紧固。法兰紧固件齐全,紧固力矩符合规定。

(二)检查防爆片

清除防爆片及夹持器的脏污,对紧固不良的螺栓按规定力矩紧固。防爆片完好,安装正确。

(三)检查一次引线连接

①接线端子如有过热现象,应分解导电连接部分,清除氧化层,涂导电膏重新紧固。

②紧固如有短缺,应补全。

(四)检查高压套管

①参照油浸式互感器。

②清除复合绝缘套管的硅橡胶伞裙外表积污,可用肥皂水、酒精,绝对不允许使用矿物油、三氯乙烯、氯仿、甲苯等化学药品,复合套管表面清洁、完整、无裂纹、无放电痕迹、无老化现象,憎水性良好。

(五)检查气体压力表和 SF_6 密度继电器

①压力表和密度继电器应完好,其联管接头如有松动,应拧紧,表壳如有破损,应换新品。

②压力表的指示如低于规定值,应使用专门充气设备补充合格的 SF_6 气体。

（六）检查二次端子板

检查互感器的二次端子板接线螺杆有无松动，如有松动，应查明原因重新紧固，如无法紧固密封，应更换二次端子板。

（七）处理含水量超标的 SF_6 互感器

SF_6 互感器内部气体水分含量超过 $500~\mu L/L$（20 ℃）时，应进行脱水处理，方法如下所述。

1. 换气处理

用 SF_6 气体回收装置回收设备内的 SF_6 气体，并按要求方法处理残余的 SF_6 气体，然后抽真空至残压 133 Pa，维持 10 min，使器身脱水干燥。再充入合格的 SF_6 气体至规定压力。

2. 循环干燥法

①准备好干燥的 SF_6 气体和回收气体的容器。

②将充气装置中的吸附剂取出或进行活化处理（按吸附剂种类选用合适的温度和处理时间），装入充气装置，再将充放气装置管道系统抽真空至残压 133 Pa 后维持 10 min，以排出水分。

③按 500 mL/min 的流速从互感器抽出含水量超标的气体，反复循环，干进湿出，维持互感器额定气压不变，直到互感器内气体含量降到合格值内。

六、电容式电压互感器的小修

（一）检查分压电容器

①检查瓷套外表面。

②密封处有渗漏应查明原因，按电容器生产厂提供渗漏处理方法处理，分压电容器密封良好，无渗漏。

（二）检查电磁单元油箱和底座

①检查油箱和底。

②检查油位，必要时补油或补氮。

（三）检查单独配置的阻尼器

对单独配置的阻尼器进行检查清扫，紧固各部位螺栓，阻尼器外观完好，接线牢靠。

七、电容式电压互感器大修

电容式电压互感器由分压电容器和电磁单元两部分组成，分压电容器部分一般不能在现场进行检修或补油，出现问题应返厂处理。

（一）外部检修

电容式电压互感器大修时外部检修如下所述。

①瓷套检修。参照电容型进行。

②电磁单元油渗漏检修。检查互感器电磁单元及油标、中压瓷套、二次接线板、放油阀等密封部位。如有渗漏可参照油浸式互感器渗漏检修方法排除，油箱及各结合处无渗漏。

③检查分压电容器的油压指示。对有油压指示的分压电容器，观察油压是否在规定的温度标线上。对于用其他方法测量油压的电容器，应按规定测量油压，如油压过低，应与制造厂联系补油。

④检查互感器的铭牌及接线标志。互感器的铭牌及接线标志如有缺损应补全。

（二）电容式电压互感器的解体

电容式电压互感器大修时，应在现场分节拆下分压电容器。对一体结构的互感器，可把最下一节分压电容器连同电磁单元一起运到检修车间。拆下的分压电容器应做好安装位置记录。

①解体前画好油箱上盖与底箱的相对位置。

②打开放油阀，放尽油箱中的绝缘油。

③拆除中压抽头与中压瓷套的连线（如果有）。

④拆除油箱上与底箱的固定螺丝，将分压电容器连同油箱上盖一起吊起。在上盖稍微吊起分离后即应拆除相关连线，然后把上盖吊放在支架上。注意不要碰伤中压和低压套管。

⑤根据故障情况，决定是否吊出电磁单元。需要把电磁单元吊出检修时，可拆除固定电磁单元底板的螺栓，松开二次端子板连线（必要时还要松开误差调节绕组端子半连线），整体吊出电磁单元，放置在清洁的底板上。松开连线时应挂上连线的标志，保证装配时能正确连接。

（三）电磁单元的检修

电容式电压互感器电磁单元检修如下所述。

①检查中压变压器一、二次绕组。有脏污应擦除干净，外包布带松开应修整严实；有放电痕迹应检查原因并用新布带重新包覆，绕组表面清洁，无变形、位移。引线长短适宜，无扭曲。接头表面平整、清洁、光滑无毛刺。

②检查铁芯和夹件。穿心螺栓于铁芯以及夹件与铁芯之间绝缘不好时，应查明原因解决。铁芯平整，表面干净，绝缘良好，无片间短路和放电烧伤；夹件紧固牢靠。

③检查阻尼器。若发现部件有损坏，应予更换，阻尼器各部件外观完好，无放电或过热烧损痕迹。

④检查避雷器或放电间隙。若有损坏，应予更换，避雷器表面无放电痕迹，放电间隙无烧蚀。

⑤检查补偿电抗器。有放电痕迹应检查原因并用新布重新包覆，绕组表面清洁，无变色，无放电过热痕迹，铁芯紧固严实，无松动。

⑥检查二次接线板。检查二次接线板是否密封、清洁，有无放电痕迹。必要时应拆下修复。轻微放电碳化点可刮除，严重时应换用新品。密封良好，无渗漏，表面清洁，绝缘表面良好。

⑦检查油箱。如焊缝渗漏应补焊，有脏污应清洁干净，如有锈蚀、漆脱落，应补漆，内部清洁，无锈蚀、无渗漏、无油泥沉积，漆膜完好。

（四）电磁单元的干燥和浸渍处理

电磁单元检修完成后，取出避雷器（若有），另行干燥处理。电磁单元放入底箱，用净油进行冲洗，然后进入真空罐按加热、抽真空、破空、注油、浸渍几个阶段处理。加热温度 80 ~ 90 ℃，真空残压不大于 133 Pa。注油前十几小时开始停止加热，注油温度控制在 65 ~ 80 ℃。一般情况下真空浸渍 50 h 左右，然后破真空出罐。

合格的矿物油或烷基苯应预先打入储油罐内，抽真空不大于 133 Pa，经过 6 h 后，方可注入电磁单元内。

电磁单元浸渍处理后，应尽快进行装配，不可长时间暴露在空气中。如未能及时装配，应用盖板罩严。

电磁单元内更换和添加的绝缘油应符合表6.14要求。

表6.14 电容式电压互感器电磁单元绝缘油要求

液体介质	击穿电压/kV(2.5 mm)	酸值/(mgKOH·g⁻¹)	介损/%(90 ℃)
变压器油	>45	<0.015	<0.5
十二烷基苯	>60	<0.015	<0.13

(五)电容式电压互感器的组装

电容式电压互感器的电磁单元、分压电容器经过电气试验合格后,方能组装。

1. 电磁单元装配

复原安装好中压变压器、补偿电抗器、避雷器(或放电间隙)、阻尼器等部件。中压变压器和补偿电抗器分接头应按原标志拧紧在端子板上,连接线用绝缘材料裹覆的部分应包扎牢固,连接线不晃动。

2. 油箱装配

吊起上盖,用净油擦洗底部,根据拆卸时的标志吊放在底箱上方。在箱沿放置新密封胶圈,按拆卸时相反步骤恢复中压和低压连线。检查密封件放置正确后,均匀紧固密封螺丝,至胶圈达到1/3左右的压缩量。

3. 误差调试

电容式电压互感器装配完好,需进行准确度测量,测量按照《电容式电压互感器》(GB/T 4703—2007)的规定进行。如测量结果不能满足相应准确等级的要求,可通过调整中压变压器和补偿电抗器的分接头来满足。

4. 铁磁谐振调试

对于更换过阻尼元件的电容式电压互感器,应进行铁磁谐振调试,调试按照《电容式电压互感器》(GB/T 4703—2007)要求进行。如测量结果不能满足铁磁谐振特性要求,应调整阻尼元件参数直至满足为止。

八、SF₆气体绝缘互感器的大修

SF₆气体绝缘互感器用SF₆气体间隙作为主绝缘,互感器为全封闭式,气体密度由密度继电器监控,压力超过限值可通过防爆膜或减压阀释放。因此SF₆互感器对密封有很高要求,大修时除更换一些容易装配的密封部位外,不允许对密封躯壳解体。如果必须解体,应返厂修理。

SF₆气体绝缘互感器大修:

①瓷套或合成绝缘套管检修,参照油浸式互感器进行。

②法兰密封检修,参照SF₆互感器的小修。

③防爆片检修:

a. 防爆片变形或破裂应更换同规格的新防爆片,更换应在室内进行。环境要求清洁并尽量减少作业时间。更换防爆片前,通过气体回收装置将SF₆气体全部回收,然后用干燥的氮气对残余的SF₆气体置换若干次,残余气体应经过吸附剂或10%的氢氧化钠溶液处理后排放到不影响人员安全的地方。

b.回收的 SF₆ 气体应进行含水量试验,发现水分超过 500 μL/L(20 ℃)时,应进行脱水处理。

c.防爆片更换完毕后,检查法兰密封应符合要求,然后将 SF₆ 充放气设备通过干燥好的充气管道接到产品阀门上,抽真空到残压 133～266 Pa,保持 10 min。停真空泵,开启 SF₆ 充放气设备的充气阀门和产品阀门,向互感器充气至额定压力。在当时气温下的额定压力可按照互感器上的 SF₆ 压力—温度标牌查找。充气后检查互感器内 SF₆ 气体的含水量,如超过 500 μL/L(20 ℃),应再回收处理,直至合格。

④二次接线端子板检修。二次端子板有密封故障必须更换时,应按更换防爆片的作业程序回收 SF₆ 气体,拆下二次端子板,拆下互感器二次绕组引线,换上合格的新品并恢复原来接线,重新安装好密封圈,紧固安装牢靠。最后按更换防爆片后的充气程序充气。接线正确,连接可靠;密封处不漏气。

⑤更换吸附剂。大修时应同时更换新吸附剂。更换时应按厂方规定操作,并按要求恢复原有密封状态。吸附剂包装完整;密封处不漏气。

⑥必要时更换压力表和密度继电器在气体回收后,拆下旧的压力表和密度继电器,换上经过校验合格的备品,并紧固密封接头,最后按更换防爆片后的充气程序充气,表计在检定有效期内,安装正确,密封处不漏气。

任务六 互感器的验收和电气试验

为保证互感器的安全使用,经过检修以后的互感器,必须按有关质量标准要求进行检查和试验。

一、互感器的检查验收

首先是外观检查,要求铭牌参数齐全,字迹清楚,装在引出端子板附近。各紧固螺丝、线圈齐全,引出线接触良好,无虚接松动和滑扣现象。金属帽盖、底座等均已除锈刷漆,外表平整,密封良好,无渗漏。各瓷件无裂纹、破损、清洁无油泥。

二、电气试验

互感器的电气试验,要求按照部颁电力设备交接和预防性试验标准的规定进行。电气试验的内容可分为电气绝缘性能试验、特性试验以及检修时试验。

(一)电气绝缘性能试验

试验内容包括测量互感器绕组对地绝缘电阻;绕组连同套管的介质损失角正切值;变压器油的绝缘电阻、击穿电压、介质损失角正切值;互感器整体的交流耐压或层间绝缘耐压试验,各项试验值应合格。

(二)特性试验

特性试验内容包括检查互感器的极性和连接组别;误差试验;电流互感器的伏安曲线测定;电压互感器的空载电流,直流电阻测量,均应符合规程要求。

为检查 110 kV 及以上互感器的器身绝缘缺陷,目前读互感器要求增做局部放电试验,放电量对新设备应小于 10 pC,运行设备应小于 100 pC。

(三)检修时试验

互感器检修时根据大、小修具体情况,进行下列项目试验。

1. 油浸式及固体绝缘电流互感器

试验项目与要求见表6.15。

表 6.15　油浸及固体绝缘电流互感器试验项目与要求

序号	项　目	要　求	说　明
1	绕组及末屏的绝缘电阻测量	(1)一次对二次绝缘电阻:66 kV 及以下大于 1 500 MΩ;110 kV 及以上大于 2 000 MΩ (2)末屏对地绝缘电阻 >1 000 MΩ	(1)用 2 500 V 兆欧表测量 (2)大、小修均进行
2	一次绕组匝间绝缘电阻测量	>500 MΩ	(1)用 1 000 V 或 2 500 V 兆欧表测量 (2)大修时进行
3	一次绕组接线端子(L 或 P)对储油柜绝缘电阻测量	>1 000 MΩ	(1)用 2 500 V 兆欧表测量 (2)大修时进行
4	tan δ% 及电容量测量	(1)主绝缘 tan δ% 不应大于下表中的数值 <table><tr><td>电压等级/kV</td><td>66~100</td><td>220</td><td>330~500</td></tr><tr><td>小修</td><td>1.0</td><td>0.8</td><td>0.7</td></tr><tr><td>大修</td><td>1.0</td><td>0.7</td><td>0.6</td></tr></table> (2)末屏对地 tan δ% 应不大于 2% (3)电容量与出厂值偏差应不大于 5%	(1)主绝缘试验电压为 10 kV,末屏对地试验电压为 2 kV (2)固体绝缘互感器可不进行 tan δ% 测量 (3)大、小修均进行
5	油中溶解体色谱分析	油中溶解气体组分含量应不大于下表值: <table><tr><td>项目</td><td>氢/(μL·L⁻¹)</td><td>总烃/(μL·L⁻¹)</td><td>乙烃/(μL·L⁻¹)</td></tr><tr><td>小修</td><td>150</td><td>100</td><td>2(110 kV 及以下) 1(220 kV 及以上)</td></tr><tr><td>大修</td><td>50</td><td>40</td><td>0</td></tr></table>	(1)从互感器本体放出油 (2)小修时发现乙烃要引起注意 (3)大、小修均进行

续表

序号	项 目	要 求	说 明
6	绝缘油试验（从互感器本体放出的油样）	(1)油中水分(mg/L)： | 小 修	大 修 | |---|---| | 66～110 kV 不大于 35 220 kV 不大于 25 330～500 kV 不大于 15 | 66～110 kV 不大于 20 220 kV 不大于 15 330～500 kV 不大于 10 |	（1）尽量在顶层油温高于 50 ℃时采样，按《运行中变压器油和汽轮机油水分含量测定法（库仑法）》（GB/T 7600—2014）或《运行中变压器油、汽轮机油水分测定法（气相色谱法）》（GB/T 7601—2008）进行试验 （2）小修对油有怀疑时进行 （3）大修时进行
		(2)击穿电压(kV)： | 小 修	大 修 | |---|---| | 66～220 kV 不大于 35 330 kV 不大于 45 500 kV 不大于 50 | 66～220 kV 不大于 40 330 kV 不大于 50 500 kV 不大于 60 |	（1）按《绝缘油击穿电压测定法》（GB/T 507—2002）进行试验 （2）小修时对油有怀疑时进行 （3）大修时进行
		(3)tan δ%（90 ℃）： | 小 修	大 修 | |---|---| | 330 kV 及以下不大于 4 500 kV 不大于 2 | 330 kV 及以下不大于 1 500 kV 不大于 0.7 |	（1）按《液体绝缘材料相对电容率、介质损耗因素和直流电阻率的测量》（GB/T 5654—2007）进行试验 （2）小修时对油有怀疑时进行 （3）大修时进行
		(4)注入互感器的变压器油应按《电工流体 变压器和开关用的未使用过的矿物绝缘油》（GB 2536—2011）要求	（1）注入新油时进行 （2）更换油种和品牌时进行混油试验
7	二次绕组之间对地绝缘电阻测量	>500 MΩ	（1）用 1 000 V 或 2 500 V 兆欧表测量 （2）大、小修均进行

序号	项　目	要　　求	说　明
8	密封检查	应无渗漏	大、小修均检查
9	金属膨胀器检查	应无渗漏,油位指示正确	大修必要时进行
10	交流耐压	(1)一次绕组按出厂值的85%进行,出厂值不明的按下表电压进行试验: | 电压等级/kV	3	6	10	15	20	35	66
试验电压/kV	15	21	30	38	47	72	12	 (2)二次绕组之间及末屏对地为2 kV (3)全部更换绕组绝缘后按出厂值进行	(1)20 kV 及以下小修时进行 (2)大修时进行
11	局部放电测量	1998 年 5 月前的产品试验按原试验方法进行 110 kV 及以上油浸式互感器在电压为 $1.1U_{m}/\sqrt{3}$ 时,放电量不大于 20 pC,6~35 kV 固体绝缘互感器不大于 250 pC	1998 年 5 月后产品执行 GB 5583—1985 规程。其中:(1)$U_{m}\geq$ 7.2 kV 油浸式互感器在电压为 $1.2U_{m}$(中性点非有效接地系统)或 U_{m}(中性点有效接地系统)时,放电量不大于 10 pC;固体绝缘互感器不大于 50 pC (2)$U_{m}\geq$7.2 kV 油浸式互感器在电压为 $1.2U_{m}/\sqrt{3}$(中性点有效或非有效接地系统)时,放电量不大于 5 pC;固体绝缘互感器不大于 20 pC	(1)更换一次绕组绝缘按出厂局放标准执行 (2)大修时进行
12	极性检查	与铭牌标志相符	大修时进行
13	各分接头的变比检查	与铭牌标志相符	更换绕组后应测量比值差和相位差
14	校核励磁特性曲线	与制造厂提供的特性曲线比较应无明显差别	更换二次绕组或继电保护有要求时
15	一次绕组直流电阻测量	与初始值或出厂值比较,应无明显差别	大修必要时进行

2.油浸及固体绝缘电压互感器

试验项目及要求见表6.16。

表 6.16　油浸及固体绝缘电压互感器试验项目及要求

序号	项　目	要　求	说　明
1	铁芯对一次绕组、平衡绕组及二次绕组绝缘电阻测量	(1)铁芯与平衡绕组应等电位导通 (2)一次对铁芯：>500 MΩ (3)二次对铁芯：>1 000 MΩ	(1)用 2 500 V 兆欧表测量 (2)大修时进行
2	穿心螺丝对铁芯的绝缘电阻测量	(1)铁芯与穿心螺丝绝缘电阻 >100 MΩ (2)一点连接后等电位导通	(1)用 1 000 V 兆欧表测量 (2)大修时进行
3	互感器铁芯对底座的绝缘电阻测量	>1 000 MΩ	(1)用 2 500 V 兆欧表测量 (2)大修时进行
4	一、二次绕组间绝缘电阻测量	>1 000 MΩ	(1)大、小修均进行 (2)用 2 500 V 兆欧表测量
5	二次绕组之间及对地绝缘电阻测量	>1 000 MΩ	(1)大、小修时均进行 (2)用 2 500 V 兆欧表测量
6	tan δ% 测量	绕组绝缘 tan δ% 不大于下表中数值： 温度/℃：5、10、20 35 kV 及以下：大修 1.5、2.5、3.0；小修 2.0、2.5、3.5 35 kV 以上：大修 1.0、1.5、2.0；小修 1.5、2.0、2.5 温度/℃：30、40 35 kV 及以下：大修 5.0、7.0；小修 5.5、8.0 35 kV 以上：大修 3.5、5.0；小修 4.0、5.5	(1)串级式电压互感器的 tan δ% 试验方法采用末端屏蔽法 (2)固体绝缘不进行 tan δ% (3)大、小修均进行
7	油中溶解气体色谱分析	油中溶解气体组分含量应不大于下表值 项　目：氢 /(μL·L⁻¹)、总烃 /(μL·L⁻¹)、乙炔 /(μL·L⁻¹) 小修：150、100、2 大修：50、40、0	(1)从互感器本体放出油 (2)小修时发现乙炔从无到有变化,要引起注意 (3)大、小修均进行

序号	项　目	要　　求							说　明
8	绝缘油试验	见表 6.15 之 6							(1)大修时 (2)小修必要时
9	交流耐压试验	一次绕组按出厂值的85%进行,出厂值不明按下列试验:							(1)20 kV 及以下小修时进行 (2)大修时进行
		电压等级/kV	3	6	10	15	20	35	
		试验电压/kV	15	21	30	38	40	72	
10	局部放电测量	1998 年 5 月前的产品试验按原试验方法进行 110 kV 及以上油浸式互感器在电压为$1.1U_m/\sqrt{3}$时,放电量不大于 20 pC;6~35 kV 固体绝缘互感器不大于 250 pC	1998 年 5 月后产品执行 GB 5583—1985。其中:(1)$U_m \geqslant$ 7.2 kV油浸式互感器在电压为$1.2U_m$(中性点非有效接地系统)或U_m(中性点有效接地系统)时,放电量不大于 10 pC;固体绝缘互感器不大于 50 pC; (2)$U_m \geqslant 7.2$ kV 油浸式互感器在电压为$1.2U_m/\sqrt{3}$(中性点有效或非有效接地系统)时,放电量不大于 5 pC;固体绝缘互感器不大于 20 pC						大修时进行
11	空载电流测量	(1)在额定电压下,空载电流与出厂数值比较无明显差别 (2)在下列试验电压下,空载电流不应大于允许电流: 中性点非有效接地系统$1.9U_m/\sqrt{3}$中 中性点有效接点系统$1.5U_m/\sqrt{3}$							(1)大修时进行 (2)小修必要时进行
12	连接组别和极性	与铭牌和端子标志相符							(1)更换绕组后进行 (2)接线变动后进行
13	电压比	与铭牌标志相符							更换绕组后应测量比值差和相位差
14	密封检查	应无渗漏油现象							试验方法按制造厂规定
15	一次绕组直流电阻测量	与出厂值比较应无明显差别							大修必要时进行

3.电容式电压互感器

试验项目要求见表6.17。

表6.17 电容式电压互感器试验项目要求

序号	项 目	要 求	说 明
1	电容分压器每节极间绝缘电阻	一般不低于5 000 MΩ	大、小修均进行
2	电容分压器每节电容值	(1)每节电容值偏差不超出额定值的 -5% ~ +10% (2)一相中任两节实测电容值相差不超5%	(1)用高压电桥测量 (2)大、小修均进行
3	电容分压器每节电容器的介质、损耗	10 kV 以下的 tan δ% 值不大于下列值: (1)运行中电容器:油纸绝缘不大于0.5%,膜纸复合绝缘不大于0.2% (2)更换的新电容器按出厂标准	(1)用高压电桥测量 (2)大、小修均进行
4	电容分压器低压端对地绝缘电阻	一般不低于100 MΩ	(1)用100 V兆欧表测量 (2)大、小修均进行
5	电容器局部放电试验	$1.1U_m/\sqrt{3}$电压下放电量不大于10 pC	大修时及小修不要时进行
6	电容器交流耐压试验	试验电压为出厂试验值的75%	大修时及小修不要时进行
7	电容器密封检查	应无渗漏	大、小修均检查
8	中压变压器一次对二次及地绝缘电阻测量	一般大于1 000 MΩ	(1)用2500 V兆欧表测量 (2)大修时进行
9	中压变压器一次绕阻感应耐压试验	施加电压为出厂值的85%	(1)按 GB/T 20840.5—2013 试验方法进行,应将电容分压器与中压变压器分离; (2)大修时进行
10	中压变压器二次绕阻之间及对铁芯交流耐压试验	试验电压2 000 V	(1)按 JB/T 8166—1995进行 (2)大修及小修必要时进行

续表

序号	项　目	要　　求	说　明
11	避雷器直流参考电流试验或放电间隙放电电压试验	与出厂值相符	(1)按产品说明书试验 (2)大修必要时单独对元件进行试验
12	放电间隙阻尼电阻测量	与出厂值相符	(1)按产品说明书试验 (2)大修必要时单独对元件进行
13	补偿电抗器感应耐压试验	施加电压为出厂值的85%	(1)按 GB/T 20840.5—2013 试验方法进行 (2)大修必要时单独对元件进行试验
14	中压变压器空载电流测量	1.2 倍额定电压下,空载电流与出厂值差别不大于 10 mA	(1)可在二次绕阻施加电压 (2)大修必要时进行
15	阻尼器阻尼电流测量	实测量值与出厂值比较应无明显差别	(1)按产品说明书试验 (2)大修时必要时进行
16	电磁单元密封检查	应密封良好,无渗漏油	大、小修均检查

4. SF$_6$互感器 SF$_6$ 互感器试验项目及要求见表6.18。

表 6.18　SF$_6$互感器试验项目及要求

序号	项　目	要　求	说　明
1	互感器内 SF$_6$ 气体含水量测量	不大于 500 μL/L(20 ℃)	按 GB 7674—2020、GB/T 8905—2012 和 DL/T 506—2018 进行
2	SF$_6$ 气体泄漏试验	年漏气率不大于 1%,或按制造厂要求	(1)按《高压开关设备六氟化硫气体密封试验方法》(GB/T 11023—2018)的方法进行 (2)局部包扎法。每个密封部位包扎后历经 5 h,测得的 SF$_6$气体含量不大于 30 μL/L

续表

序号	项　目	要　求	说　明
3	耐压试验	交流耐压或操作冲击耐压的试验电压为出厂试验电压值的85%	(1)试验在SF₆气体额定压力下进行 (2)交流耐压时间1 min,操作冲击正负极性各3次
4	SF₆气体密度继电器(包括整定值)检验及监视	按制造厂规定	检查仪表指示,必要时进行检验
5	SF₆气体压力表校验及监视	按制造厂规定	(1)试验方法按制造厂规定 (2)检查压力表指示,必要时校验

(四)验收试验

1.小修后试验

电流互感器,油浸式电流互感器小修后试验结合表6.15序号1、4、5、7、8进行,必要时增加序号6。

①固体绝缘电流互感器小修后试验结合表6.15序号1、7、10、11进行,SF₆电流互感器小修或试验按表6.17序号1、2、4及5进行。

②电压互感器。油浸式电压互感器小修后试验结合表6.16序号4~7及14进行,必要时增加序号8、11、12和15。

固体绝缘电压互感器小修后试验结合表6.16序号4、9及10进行。

SF₆电压互感器小修后试验按表6.17序号1、2、4及5进行。

电容式电压互感器小修后试验结合表6.16序号1~4、7及16进行,必要时增加序号5、6及8。

2.大修后实验

(1)电流互感器

油浸式电压互感器大修后实验按表6.15序号1~8、10~13进行,必要时增加序号9及14。在加装金属膨胀器前应按厂家规定进行压力密封试验。

固体绝缘电流互感器大修后试验按表6.15序号1、7、10、11及12进行。

SF₆电流互感器大修后试验按表6.17序号1~5进行,并按厂家规定进行压力密封试验。

(2)电压互感器

油浸式电压互感器大修后实验按表6.16序号4~14进行,必要时增加序号15。更换绕组应进行序号12、13、15试验。加装金属膨胀器前应按厂家规定进行压力密封试验。

电容式电压互感器大修后试验按表6.16序号4~7、11及16进行,必要时增加序号14。

SF₆电压互感器大修后试验按表6.17序号1~5进行,并按厂家规定进行压力密封试验。

任务七　互感器绕组故障修理

不论是电压互感器还是电流互感器,在投入运行中绕组也常发生直流电阻不平衡、绝缘电阻低、吸收比小,绕组开路、短路、接地及放电故障。现结合互感器绕组结构特点及运行条件,将绕组部分最易发生的故障、故障原因、修复措施及防止故障发生的方法归纳如下。

一、互感器故障类型

①绕组绝缘击穿故障。

a.主绝缘击穿和烧损。

b.匝间绝缘击穿故障。

c.一、二次绕组烧坏故障。

②接线错误造成计量不准及线路故障。

③油浸式互感器绝缘油老化变质。

④互感器局部放电故障。

⑤介质损耗角正切值 $\tan \delta$ 不合格及突变。

二、互感器故障现象

(一)绕组绝缘击穿时出现的现象

①不论是主绝缘还是匝间绝缘击穿,均会造成和互感器联结的计量仪表读数不准或无读数。

②油浸式互感器吸湿器里硅胶量少,且颜色发黄。

③绕组冒烟,产生异味,电力系统停电。

④互感器局部过热和局部产生放电现象。

(二)接线错误时产生的现象

①计量仪表读数不准,三相仪表读数不一样。

②对电压互感器来说,本身三相线电压不等,一般一相高其他两相相等,高的一相的线电压比另两相大 $\sqrt{3}$ 倍。

③接线错误还会使线路上有短路故障时短路器不跳闸。

(三)绝缘老化变质时产生的故障现象

①气体继电器动作,取出的油样变色。

②从油箱里逸出焦烟气味。

③油箱烫手,套管处有断续放电现象。

(四)放电时出现的现象

①外部放电处,如套管同引线联结处出现打火,闪络现象,还听到"吱、吱"放电声。

②互感器放电时还能嗅到一种臭氧的气味。

③油浸式互感器产生局部放电故障时,气体继电器发生动作。

(五)介质损耗不合格或突变时产生的现象

①绕组的绝缘电阻低。

②具有吸湿器的互感器吸湿剂变色。

③气体继电器动作(油浸式)。

④如取油样检查,油中含水分多。

(六)环氧浇注不当,产生故障时现象

①该类互感器检测其比差及角差时,出现超差。

②发现环氧浇注体开裂,湿气、水分、灰尘杂物浸入,引起引线处打火、闪络。

三、故障原因及修理

(一)主绝缘故障

1.故障原因

①解体检查,该电压互感器顶部密封圈老化变形且硬脆,出现密封失灵和不严,潮气及水分进入互感器内部,绝缘严重受潮。

②内部主绝缘薄弱,包扎不紧密,致使主绝缘闪络击穿。

2.修复

①因故障程度严重,主绝缘全部过热老化,又受潮击穿,所以按更换一、二次绕组大修要求进行修理。

②修理中采取加强主绝缘措施。

③对顶部密封采取改进,即在高压互感器顶部的位置上增加一个小型储油柜,使互感器内部形成一个微量正压力,防止内部受潮,又延缓了绝缘油劣化。

(二)匝间绝缘击穿故障

1.故障原因

经检测 U 相绕组上电流互感器直流电阻值比 V、W 两相低,说明 U 相上的互感器匝间有短路。解体检查和测量,发现装在 U 相电流互感器上的储油柜内的避雷器损坏,经查对该互感器随机资料,其绕组匝间耐压为 2 kV 级,为保护这类互感器绕组匝间不受过电压作用而损坏,才装设避雷器。因避雷器损坏,不起保护作用,电流互感器受过电压作用后,匝间绝缘承受不了 2 kV 以上过电压冲击,造成匝间绝缘击穿。

2.修理

①该互感器先解体吊心,处理一次绕组匝间绝缘。

②更换合格的避雷器。

③因绝缘油受过电压作用和绕组匝间击穿,绝缘油内有碳化物微粒,油已劣化变质,采取更换新油和真空加热注油等措施。

修复后的该台互感器接入 L_1 相线路后,经测量该台直流电阻,同 L_1,L_3 相阻值一致,投运后一切正常。

(三)二次绕组烧坏故障

1.故障原因

单匝母线型电流互感器的二次绕组烧损较频繁。单匝母线型电流互感器为高动、热稳定、要求严的低安匝数电流互感器,其一次绕组匝数少,为 1 匝;导线截面大,流过的电流大;而二次绕组为保护绕组,它的内阻抗很小,在系统短路时,一次绕组流过较大的短路电流,使二次绕组内过电流倍数增加很大,因大电流时绕组过热而烧坏。

2.修理

根据这类互感器结构特点和应用场合要求高动、热稳定,所以不能只采取烧坏的绕组按原有数据绕制线圈换上,这样运行不长还会烧坏,为此应采取改进结构的更换绕组大修。

改进的方法有两种:一是用增大二次绕组导线截面;二是增大铁芯截面。前者做法不当,因导线截面越大,二次绕组内阻抗就越小,二次电流也越大。增大铁芯截面属人为增大绕组内阻抗的办法之一,增大二次绕组阻抗的方法就是增大二次绕组内阻抗,在二次绕组导线截面不变的情况下,只有增加匝数(导线总长度增加)来实现,更换绕组的同时,增加铁芯叠片,使芯柱高度增加,这样二次绕组匝数才能增加。通过设计计算后,确定芯柱高度和增加的匝数,方可进行叠片剪切和绕组的绕制等修理。

(四)油浸式互感器绝缘油老化变质故障

1.故障原因

①互感器过负载运行,油浸升高使油老化。

②互感器经常发生短路过热使油变质。

③互感器内浸入含酸等元素的水及潮气。

④互感器内常发生树脂状的局部放电。

2.修理

一旦发现互感器气体继电器经常动作或取油样化验,发现油变质老化。唯有将互感器从线路上拆下,除进行全面检查外,对互感器内的绝缘油采取如下措施。

①变质不严重的油可进行再生利用,即通过真空滤油工序,将油过滤到合格为止,再用真空注油工艺将过滤合格的油注入,做好互感器的密封。

②废除旧油,全部更换合格的新绝缘油,且采取真空注油方法进行注油。

3.预防

针对绝缘油老化变质的原因,应采用如下的对应措施。

①不要使互感器过载运行。

②加强互感器的继电保护管理,防止经常发生短路故障。

③经常检查互感器的密封状况,更换老化的密封垫圈,防止水分浸入。

④做好互感器放电测量工作,一旦发生互感器放电量超标,应及时处理。

⑤做好互感器环境保护工作,减少环境对互感器的影响。

(五)互感器 $\tan\delta$ 值增大

1.故障原因

①互感器受潮,箱内进入水分和潮气。

②互感器绝缘劣化或老化。

2.修理

当对互感器进行预防性绝缘实验时,或取油样进行 $\tan\delta$ 值测量时,如发现介质损耗角正切值($\tan\delta$)增大或发生突变现象,说明油浸式互感器绝缘油及绕组绝缘受潮,或绝缘有劣化现象,应采取如下措施:

①对油浸式互感器,首先对其绝缘油进行真空加热滤油,同时对绕组进行加热烘干,最后

再用真空法注油。

②对干式互感器如受潮进水,应对绕组及外壳分别进行烘干。

③对互感器的密封垫圈进行更换,具有吸湿器的油浸式互感器,应更换受潮变色的吸湿剂。

3. 预防

①按规定,定期进行预防性绝缘实验,发现 $\tan \delta$ 变大就处理。

②加强互感器的巡视工作和密封检查工作。

③定期取油化验,定期更换吸湿剂。

(六)互感器局部放电

1. 放电原因

①一次绕组放得不正,偏移一边,使绝缘距离不等,其距离偏小处将产生放电现象。

②套管同引线端头连接松动或具有焊接结构时有焊接不良现象。

③绕组绝缘很薄弱,绕组对地绝缘距离小。

④环氧树脂浇注型互感器浇注绝缘体产生裂纹,灰尘侵入。

⑤油浸式互感器中绝缘油劣化产生弧光放电。

2. 修理

①对一次绕组放置不正引起放电的互感器,应采取在绕组下部或适当位置处加固定防偏措施,保证绕组对箱壁距离四周一致;对一次绕组绕制较长的,在包扎绝缘时要仔细,不使绕组产生变形。

②对套管上部与电源引线或套管下部与绕组引出头联结松动的,应重新拧紧螺母,如螺栓乱扣应更换好螺栓;如属二者焊接处出现虚假焊或部分开焊,检查后重新焊牢。

③对绕组绝缘薄弱或有损伤,而导致局部放电故障,应加强绝缘和修复损伤的绝缘。

④对浇注型互感器因绝缘体裂开或浇注质量不良而局部放电的,一般难以修好,唯有选择合格的同型号互感器换上。

⑤因绝缘油劣化造成放电的,应采取更换新油,如旧油变质不大,可采取真空滤油和真空注油工艺进行处理。

项目七
低压电器的检修与维护

低压电器广泛应用于用电装置中,常用的有自动空气开关、交流接触器和磁力起动器等。对于控制电动机所用的接触器和磁力起动器以及控制其他电气设备所用的自动空气开关,是随所连接的设备同时进行大修和小修的。应用于其他场合的自动空气开关,一般是每年小修一次,三年大修一次。对环境污染严重地区用的接触器和磁力起动器,则是半年大修一次,每月全面检查清扫一次。

任务一 交流接触器的检修

交流接触器是由主触头和电磁铁以及辅助触头组成,常用的交流接触器型号为 CJ10、CJ12 系列,供远距离控制分断及接通电路之用,并适宜于控制频繁启动的交流电动机。因交流接触器本身没有保护装置及控制设备,所以当用于控制和保护电动机时,必须同其他保护和控制设备配合使用。

一、触头的检修

触头是接通和切断主电路的执行元件,又是负荷电流的通道,容易发生过热、烧伤和熔接等故障,所以应特别注意维护和检修。

从触头常见故障及其发生的原因来看,触头检修的重点项目应是:

1. 检查触头压力,更换失效或损坏的弹簧

①检查触头的初压力和终压力,其数值应符合制造厂的规定,如采用 CJ10 型接触器应按表7.1进行调整。

a. 初压力的简易测定方法:在支架和动触头之间放入一张纸,纸条在触头弹簧的作用下被压紧,同时在动触头上装入一个弹簧秤(受力点应是两触头的接触点)。一手拉弹簧秤、一手轻轻拉出纸条,当纸条刚可以抽出时,这时弹簧秤上的读数就是初压力。

b. 终压力的简易测定方法:在接触器电磁线圈上通以额定电压,使触头闭合,将纸条夹在动、静触头间。用上述同样的方法拉弹簧秤和纸条。当纸条可以抽出时,弹簧秤上的读数即为终压力。

表 7.1　CJ10 型系列触头的初压力和终压力

触头压力 型号	主触头终压力/N	主触头初压力/N	辅助触头终压力/N
CJ10	2.0 ~ 2.4	1.6 ~ 2.0	1.17 ~ 1.43
CJ20	4.5 ~ 5.5	3.6 ~ 4.4	1.08 ~ 1.4
CJ40	8.55 ~ 10.45	7.2 ~ 8.8	1.08 ~ 1.32
CJ60	16 ~ 20	13 ~ 16	1.44 ~ 1.76
CJ100	24 ~ 30	20 ~ 24	1.44 ~ 1.76
CJ150	30 ~ 38	27 ~ 33	1.44 ~ 1.76

以上两种测量方法弹簧秤拉紧的方向,都应垂直于触头的接触面。

②如果测得的触头压力与制造厂规定的数值不符,应调整弹簧压力。如果发现弹簧已失效或损坏,应更换同样规格的新弹簧。

③配置新弹簧后应重新测量和调整触头的压力,直到符合规定为止。

2.清除触头表面的氧化膜和杂质,修整烧伤的麻点

①铜质触头表面的氧化膜是一种不良导体,它可使接触电阻增加,造成触头过热,因此必须清除。清除的方法是:最好用小刀轻轻地将接触面上的氧化膜刮去,如果用砂布去擦,必须将砂粒清除干净。镀银的接触表面不能用小刀去刮,只用干净抹布擦拭即可,否则会人为地造成银层损坏。

②触头表面如积聚了尘埃、油垢等,应当清除干净。少量尘埃可用手提吹风机或皮老虎把灰尘除去。若灰尘较厚,可用猪鬃刷或钢丝刷刷掉。触头表面若积聚油垢,可用汽油或四氯化碳清洗。

③被电弧烧出毛刺的触头表面,应仔细地用细锉将烧毛的凸出麻点锉平,并要注意保持接触表面的形状和原来一样,切勿锉磨过度,如果触头上镶有银块,更应注意银块的厚度,也不能锉磨过度。

3.检查触头磨损情况,更换触头

主、辅触头的超行程和开距制造厂家已有规定。在使用中,触头的超行程量随着触头的磨损而减小。因此,触头磨损的程度,可以用超行程的数值来表示。超行程量比原规定数值小了一半,应更换触头。更换的新触头应与原触头规格相同,若无备品,可用紫铜制作。

4.检查触头接触的同期性

开关各相主触头应同时接触,三相的不同期误差应小于 0.5 mm,否则就需要调整。

对于铜质触头发现变色或相邻的绝缘零件烧焦,散发焦糊味时,表明铜触头已经过热并产生了氧化膜,此时应检查并调整触头开距、超行程及触头接地情况,并闭合、分断接触器几次,使动触头在静触头上的滑动动作清除氧化膜,如果仍不能清除(触头继续过热)则需用细锉轻轻修整触头表面,或用细砂布轻轻打磨触头,然后用酒精棉布擦净。长期工作致接触器的铜触头发生过热和焊接时,则需改用额定电流大一级的接触器。

对银或银合金触头有轻微烧损,或接触面拉毛变黑即产生硫化银时,一般不影响使用,可不予以清理,但小功率的电弧作用,可以引起触头表面的氧化而破坏触头接触,造成触头温升

过高,此时需用细锉轻锉触头表面毛刺。对烧损严重、开焊脱落或磨损到原厚度的 1/3 时,才可更换触头。

凡经过维修或更换的触头,要及时调整触头及开距、超行程和触头压力,并保持各相触头不同时接触,并不大于 0.5 mm。

辅助触头的检查:检查动作是否灵活,动静触头是否接触良好。当用万用表检查发现触头接触不良而不易修复时,应更换新触头,还应检查静触头是否松动或脱落。

二、电磁系统的检修

电磁系统是交流接触器的重要组成部分,它包括静铁芯、衔铁以及电磁线圈等部件。

(一)铁芯、衔铁接触面的清扫和修整

①清除铁芯和衔铁端面上的尘埃杂物,这些杂物会造成端面接触不良,使衔铁在工作时剧烈振动。

②检查铁芯和衔铁接触面是否平整,铁芯的固定是否松动,应整修不平整部分,校正铁芯的固定位置并拧紧固定螺钉。

铁芯和衔铁端面的加工精度要求很高。如果端面上的确受到严重的损伤或磨损而迫切需要修理时,可使用锉刀和砂纸进行,但在初步锉平以后,要经过试装和修理刮平,其方法是:a. 把衔铁和静铁芯装在支架上,端面间衬一张双面复写纸;b. 给电磁线圈通电,衔铁吸合,这时端面上接触部分紧压着复写纸,端面上印有斑点的地方,就表示接触部分;c. 切断电源,拆下铁芯,将印有斑点的地方再进行锉光或刮平。锉光或刮平应顺着叠片的方向进行,但不可锉掉太多,因为这会减少 E 形磁极的必要间隙,如果间隙小于厂家规定的数值,就可能使剩磁较强,导致电磁线圈断电后衔铁粘住掉不下来;d. 重复以上步骤,多次试验,再把印有斑点的地方刮去,直到斑点平均密布在整个端面上为止。

③用手推合或线圈通电的方式,检查衔铁动作是否灵活,并查出和消除卡阻之处。

(二)短路环的检修

短路环是起防止交流接触器衔铁跳动的作用。如果短路环断裂或脱落,衔铁就会出现强烈的跳动和噪声,应立即检修;若短路环仅是有裂缝,可用硼砂焊剂进行焊接即可;若短路环损坏严重,则应按照原规格用黄铜板凿制,并用小锉刀加工修整一个新的短路环换上。

三、灭弧罩的检修

取下灭弧罩后,用毛刷或竹板清除罩内脱落物及触头拉弧后产生的金属颗粒。灭弧罩破裂或严重碳化,应更换新罩。栅片式灭弧罩发生烧损变形严重或栅片松脱,也应更换新罩。

灭弧系统的灭弧罩受潮、碳化或破裂,磁吹线圈匝间短路,灭弧栅片烧毁或脱落,弧角脱落等都会造成不能有效地灭弧,应及时检修。

①灭弧罩是用水泥石棉板或陶土制成的,容易受潮或破裂。如果发现受潮时,可用灯泡干燥法烘干;如果发现灭弧罩碳化,可用细锉将烧焦碳化的部分锉掉,或用小刀刮掉。但是必须严格保证表面的光洁度,且修理好后应将灭弧罩吹刷干净,不能留有金属微粒或其他导电杂质;如果灭弧罩破裂,应更换新品。

②磁吹线圈如有相互短接时,只要用螺丝刀把相碰之处拨开即可。

③灭弧栅片如被烧毁或脱落,应立即补上。它可用铁片按原有尺寸来制作(但不能用铜

片,因铜片没有磁吹作用,不能使电弧吸进灭弧室),制好后,如有条件,可再镀上一层铜。

④弧角脱落或遗缺,可用紫铜片按原尺寸配制一个装上。

四、电磁线圈的检修

①检查电磁线圈应无过热、烧焦、断线等现象。若发现异常,应找出原因并进行检修。

②核对线圈额定电压与电源电压是否相符,如发现不符,则应更换电磁线圈。

③用摇表测量线圈的绝缘电阻,如低于 $0.5\ M\Omega$,应进行干燥。

④用万用表测量线圈电阻是否与原来电阻值相符,如电阻值比原来小得多,即表明匝间短路。

如果线圈内有匝间短路或烧毁,则应按原来规格重新绕制。这时若无铭牌资料,可从原线圈测得有关数据及资料(如线圈的外形尺寸、圈数、导线线径、线圈层数、层间绝缘和外部绝缘等),按此进行重绕。

线圈的检修步骤如下所述。

①检查线圈引线与导线,检查是否开焊或断路情况。

②检查线圈温升。观看线圈外表层颜色,当线圈外表温度高于 $65\ ℃$ 时,表面颜色将老化变深,可测线圈直流电阻,与同型号线圈直流电阻值进行比较判断,可确认是否有匝间短路而予以更换。

③线圈外观检查。是否由于受机械外力损伤造成局部磕碰、断线等情况。对断线线圈,可拆下线圈后拆除断匝,用相同导线补齐断匝并焊牢即可。焊头处要用砂纸打掉漆皮,然后涂中性焊剂,焊牢并压平,用黄蜡绸包好,做好绝缘处理。对严重损伤或高压击穿断裂的线圈应予以更换。

直流线圈由于过电压的影响,电源引出线焊接处容易击穿损坏。修复时,要特别注意加强端部及引线焊接处的绝缘处理。

④线圈的计算。对损伤严重,烧毁后又不知道匝数,而且标牌也未保留的线圈,需进行计算。

交流线圈,可按下式近似计算:

$$N = 45\ \frac{U}{BA}$$

式中　N——线圈匝数;

　　　U——线圈额定电压,V;

　　　A——原有铁芯截面积,cm^2;

　　　B——磁通密度,T,通常可取 $0.9\sim1.2\ T$,大容量接触器取较低值,小容量接触器取较高值。

导线直径可以实测,选用相同线径的导线。

⑤线圈的换算。当线圈电压需要改变时,则需对线圈的匝数和线径进行换算。

交流并联线圈从 U_1 变为 U_2 时,有:

$$N_2 = N_1 \frac{U_2}{U_1}$$

$$d_2 = d_1 \sqrt{\frac{U_1}{U_2}}$$

式中　N_1,d_1,U_1——原线圈的匝数、线径和电压；

　　　N_2,d_2,U_2——欲改造线圈的匝数、线径和电压。

⑥线圈的绕制。线圈制造工艺复杂，一般均应更换以电器制造厂所供应的线圈备品，只有当更换的线圈参数有改变（如改变电压值）而必须重新制造线圈的情况下，才自行绕制。

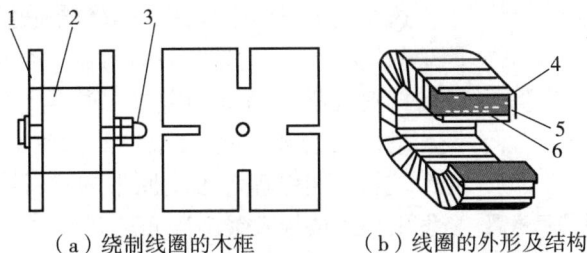

（a）绕制线圈的木框　　　　（b）线圈的外形及结构

图7.1　线圈的绕制

1—夹板；2—轴心；3—螺钉；4—层间绝缘纸0.03 mm；

5—绝缘纸板0.2～0.3 mm；6—外部绝缘（白布带）

有骨架的线圈绕制时，可选用高强度漆包线或自黏性漆包线直接绕在骨架上。如线径很细，则应先将漆包线绕于多股软的引线上，焊牢后加垫黄蜡绸后再引至接线端头，并尽量避免引线松动，因有些电磁铁操作频率高，会因铁芯反复吸合操作而振动引线。如线径较粗（大于0.25 mm），则可直接引至接线端头并焊牢。

如为无骨架的线圈绕制时，则预先按图7.1（a）所示形状做一个木框，绕好后拆掉夹板，取出线圈并按图7.1（b）所示外包绝缘，再放入105～110 ℃的烘箱中烘约3 h，冷却至60～70 ℃后浸1010沥清漆或其他相应的清漆。滴尽余漆，再在110～120 ℃的烘箱烘干，冷却至常温后即可使用。

五、铁芯的修理

（一）铁芯噪声

发生噪声的原因为铁芯极面有污垢或不平、短路环断裂、机械部分有卡住现象、触头压力过大、合闸线圈电压过低等。修理时，首先应寻找产生的原因和部位。如在修理交流接触器铁芯发响时，首先应擦去铁芯极面上的污垢，然后当线圈通电后，可用绝缘体（如木棒或手戴绝缘手套等）推动铁芯，如图7.2所示。

若推a点处不响，则是铁芯上肢端低，接触不好；推b点处不响，则是铁芯中肢端面过高；推c点处不响，则是铁芯下肢面接触不好。若推a,b,c 3点处都响，可再推动铁芯的架子，如不响，则是触头弹簧压力过大；如声音减小，并在未推动前声音极响，且动铁芯振动也十分厉害，则可能是分磁环断裂。

这样检验后有时仍难确定响声产生的部位，可再推a点处右方或左方，如果发现哪边不响，就是哪边铁芯低或接触不好。如推a点左方、c点左方或a点右方、c点右方并发现无响声，就是半个动铁芯与静铁芯接触不好。有时制造厂是将铁芯配对出厂的，把动铁芯上下反转就不响了。在用上述方法检查确定后，使动铁芯与静铁芯接触良好。用锉刀锉低。而在a点或c点处接触不平的部分，应用锉刀锉平，使动铁芯与静铁芯接触良好。这种锉修需要一定的经验。在有条件时，如果有精度较高的平面磨床，则可将发响的铁芯拆下，将静铁芯和动铁芯

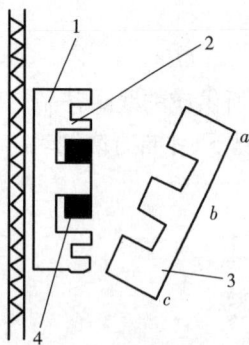

图 7.2 交流接触器铁芯示意图
1—静铁芯;2—短路环槽口;
3—动铁芯;4—合闸线圈

重新磨过再装上,但应注意如中肢具有防剩磁的间隙时,则重磨时仍应磨出这一间隙,其值为 0.1~0.2 mm,小的值对应于小铁芯,此间隙不能磨得太大,否则线圈温升会过高。

(二)短路环断

这类故障用肉眼仔细观察就能发现,在修理时通常是按照原来的式样大小、原来的材料重做一个短路环换上。制造短路环的材料有紫铜、黄铜、铝、铁等数种。目前大多数的短环嵌入铁芯槽内后铆装,并用环氧胶黏剂胶牢于铁芯上,如此短路环寿命较长。如修理时不按原来的材料制造,则效果可能不好,会发出噪声或导致线圈温升过高。在正常的电磁系统中,短路环的损耗占电磁系统总损耗的 1/4~1/2。如材料代用或变更尺寸时,则应计算原短路环的电阻值,并使变更后的电阻值与其相等。

(三)铁芯粘住不放

对于交流电磁系统粘住不放的现象,较常见的有极面磨损,使中肢间隙减小(对于Ⅲ型电磁铁);极面涂的防锈油(如凡士林等)未擦去,并与尘埃混合在一起形成黏结剂。前者可磨或锉出气隙,后者可用纱头蘸酒精擦净极面即可。对于直流电磁铁,衔铁粘住不放或断电后要经过一定时间才释放的现象也常有发生,产生这种故障的原因是电磁铁极靴下的非磁性间隙减小。

发生铁芯粘住故障时,应先检查机构活动部分是否灵活,如确是铁芯粘住时,可采取下列措施:

①当设备不允许停车时,可暂时将一块大小同极靴面积相等的(纸质较好的)薄纸片,用胶黏剂粘在极靴上。这样可暂时减小剩磁,维持运行几天。

②当设备允许停车时,可将电器拆下,将极靴下的铜片取出,换一片比它略厚的磷铜片即可。

六、绝缘零件的修理

电气器械的绝缘零件大多数采用塑料制成。或者用云母片压制而成。为了修理这些零件,应采用胶木板、胶纸板、石棉水泥及纤外维作为材料。

修理受电弧作用的绝缘零件时,仅可采用纤维板。

同石棉水泥制的零件应浸亚麻油。在浸渍前,必须将这种零件在 150 ℃ 的温度下进行干燥。干燥的时间(h)为零件的厚度(mm)乘以 2。干燥后应放在亚麻油中浸同样长的时间。然后将零件自油中取出风干 24 h,之后,于 100 ℃ 的温度下在炉中继续干燥 24 h。电阻器的螺柱应采用石棉纸和云母板绝缘。

七、接触器主触头参数的调节

凡经拆卸或更换零部件后,重新组装的接触器,应对主副触头的开距,超行程重新调整,并符合相应接触器的技术要求。

八、故障修理

（一）接触器线圈通电后不能吸合或吸合后又断开

①当接触线圈通电后不能吸合时，应首先检查电磁线圈两端有无额定电压。如无电压，说明故障发生在控制回路，可根据具体电路进行检查。如有电压但低于线圈的额定电压，使电磁线圈通电后产生的电磁吸力不足以克服弹簧的反作用力，这时应更换线圈或改接电路。如有额定电压，多数情况是线圈本身可能开路，可用万用表测量线圈电阻。如是接线螺丝松脱应接好拧紧即可，若是线圈断线应进行修复或更换线圈。

②接触器运动部分的机械机构或动触头卡住，使接触器不能吸合，应对机械机构进行修整。调整触头与灭弧罩的位置，排除两者摩擦。

③若转轴生锈、歪斜也会造成接触器线圈通电后不能吸合。应拆开进行检查，清洗转轴及支撑杆，但组装时要保证转轴转动灵活，必要时可更换配件。

④控制按钮的触头失效，控制回路触头接触不良。应检查控制回路，排除故障。

⑤接触器吸合一下又断开，一般是由于自保回路中的辅助触头接触不良，使电路自保环节失去作用。应检查动合辅助触点，保证接触良好，即可排除故障。

（二）接触器吸合不正常

交流接触器吸合不正常，是指接触器吸合过于缓慢。触头不能完全闭合，铁芯吸合不紧，铁芯发出异常噪声等不正常现象。当接触器吸合不正常时，可能有以下几个原因，可采取相应措施予以排除：

①由于控制回路的电源电压低于 85% 额定电压，电磁线圈通电后所产生的电磁吸力不足，难以将动铁芯迅速吸向静铁芯，引起接触器吸合缓慢或吸合不紧。应检查控制电路的电源电压，设法调整至额定工作电压。

②弹簧压力不足，造成接触器吸合不正常；弹簧的反作用力太大，造成吸合缓慢。触头弹簧压力与超程过大，会使铁芯不能完全闭合；触头的弹簧压力与释放压力太大，也会造成触头不能完全闭合。应对弹簧压力进行适当调整，必要时更换弹簧。

③由于动、静铁芯间的间隙过大，可动部分卡住或主轴生锈、歪斜都会引起接触器吸合不正常，应拆开检查、重新装配，调小间隙或清洗转轴端及支撑杆，组装后应保证转轴转动灵活，必要时更换配件。

④由于长期频繁碰撞，铁芯极面不平整，沿叠厚度方向向外扩张。可用锉刀修整，必要时应更换铁芯。

⑤由于短路环断裂，造成铁芯发出异常响声。应更换同样尺寸的短路环。

⑥线圈参数与使用条件不符，应更换线圈。

（三）接触器线圈断电后铁芯不能释放或释放缓慢

若接触器线圈断电后铁芯不能释放，会造成设备运行失控，威胁人身和设备的安全。因此，这种故障一旦出现，应立即停机检修。

①接触器经长期运行，由于频繁撞击，使铁芯极面变形，E 形铁芯中间磁极面上的间隙逐渐消失，线圈断电后，铁芯上产生较大的剩磁，从而将动铁芯黏附在静铁芯上，造成接触器线圈断电后不能释放。应用锉刀仔细锉平铁芯接触面，或在平面磨床上精磨铁芯接触面，使铁芯中间磁极面低于两边磁极面 0.15 ~ 0.2 mm，即可防止出现这种故障。

②铁芯磁极面上的油污和粉尘太多,会造成接触器线圈断电后铁芯不能释放。应清除油污及粉尘,保证极面清洁。

③动触头弹簧压力太小,可调整弹簧压力,必要时更换弹簧。

④接触器的触头熔焊,也将会造成接触器线圈断电后铁芯不能释放,可打开触头,用细锉刀修整毛刺,如经常熔焊应调大一个电流等级的接触器。

⑤安装不符合要求,使机械运行部分卡住或歪斜,可重新安装,使倾斜度不超过5°。

⑥新接触器铁芯表面的防锈油未清除干净,应擦净油污。

⑦自保触头与按钮间的接线不正确,使线圈不能断电,应改正接线。

(四)接触器主触头过热或灼伤

①触头弹簧压力过小,应调整触头弹簧压力。

②触头表面有油污或高低不平,或有金属颗粒突起,应清理触头表面。

③铜触头用于长期工作时,应将接触器降容使用。

④操作频率过高,或工作电流过大,触头的断开容量不够。应减少操作次数或调换容量较大的接触器。

⑤触头超行程太小,应调整超行程或更换触头。

⑥环境温度过高或使用在封闭的控制箱中。应改善环境条件,接触器应降容使用。

(五)触头熔焊

①操作频率过高或负载过重。应减少操作次数,减轻负载或更换合适的接触器。

②负载侧短路,吸合时短路电流通过主触头。应查明短路点并排除故障。

③触头弹簧压力过小,应调整触头弹簧压力。

④触头表面有金属颗粒突起或有异物,应清理触头表面。

⑤接触器三相主触头闭合时不同步,某两相主触头受特大起动电流冲击。应检查主触头的闭合状况,调整动、静触头间隙,使三相主触头达到同步接触。

⑥主触头本身抗熔性差,如纯银触头易熔焊,可采用抗熔能力较强的银基合金触头作为接触器主触头。

⑦操作回路电压过低或机械卡阻,使接触器吸合过于缓慢或有停滞现象,触头停顿在刚接触的位置上,应提高操作回路的电源电压,排除机械卡阻现象,使接触器吸合可靠。

(六)电磁铁运行时噪声过大

①操作电压过低,电磁铁吸不住而产生噪声。应提高操作回路的电压,时电源电压为85%~110%的额定电压。

②铁芯极面生锈或因油污、粉尘等异物侵入铁芯极面,造成接触不良。应清理铁芯表面。

③铁芯装配不当或受震动引起歪斜或卡住,使铁芯不能吸平而产生很大噪声。应调整铁芯,排除卡住现象。

④触头弹簧压力过大而产生电磁铁噪声,应适当调整弹簧压力。

⑤触头行程过大,应调节超行程至规定值。

⑥短路环断裂或脱落而产生噪声,应更换铁芯或短路环。

⑦铁芯极面磨损严重,坑洼不平,使动、静铁芯的接触面相互接触不良。应修理接触面保证接触良好或更换铁芯。

⑧线圈匝间短路,应更换线圈。

（七）接触器吸力不足，即不能完全闭合

①电源电压过低或波动较大，应提高电源电压。

②控制回路电源容量不足，电压低于线圈额定电压。应选用较大容量的电源或改接线路。

③控制回路的触头严重氧化或不清洁，使触头接触不良。应定期清扫或修理控制回路的触头。

④触头弹簧压力过大或触头超行程太大，应适当调整弹簧压力或触头行程。

⑤可动部分损坏变形或卡住，转轴生锈或歪斜。应排除卡住现象，检修损坏零部件。

（八）无压释放失灵

①反力弹簧的反力过小，应更换弹簧。

②主触头磨损严重，使反力太小，应更换弹簧。

③铁芯极面油污或剩磁作用使铁芯黏附在静铁芯上，应清除油污或更换铁芯。

④铁芯磨损严重使中间极面防止剩磁的气隙太小。可将中间极面锉去 $0.05 \sim 0.2$ mm。

⑤非磁性垫片装错或未装，应更换或加装非磁性垫片。

（九）线圈过热或烧损

①电源电压过低时使铁芯不能完全吸合，吸力不足，铁芯处于振动状态。此时电流增大，线圈过热，应调整电源电压，排除因负载短路造成的系统电压过低的故障。

②操作次数过于频繁，这种情况发生在点动状态时，接触器线圈处于一次次起动电流的冲击，应减少操作次数或选用大一级电流等级的接触器。

③铁芯极面不平或气隙较大，应处理极面或更换铁芯。

④运动部分卡住，应解决卡住问题。

⑤线圈绝缘损坏或制造质量不好，应排除损伤现象或更换线圈。

⑥使用环境潮湿，空气中含有腐蚀性气体或环境温度太高。应采用特种绝缘的线圈或采取防潮、防腐措施。

⑦线圈局部匝间短路，使线圈工作电流增大，造成局部发热，应用电阻比较法判定短路线圈，并排除故障或更换线圈。

⑧线圈技术参数（如电压、频率、通电持续率）与实际使用条件不符。应选用与实际工作情况相适应的接触器。

⑨铁芯端面不清洁，有杂物或铁芯表面变形，使衔铁运动时被阻，造成接触器动、静触头不能紧密闭合，使线圈电流增大而过热甚至烧坏。应认真检查铁芯表面。

⑩交流接触器派生直流操作的双线圈，由于常闭接触器熔焊不释放，使线圈过热。应调整连锁触头参数或更换线圈。

⑪衔铁吸不实。应检查线圈连接部分有无脱落断线，操作按钮有无机械卡阻。

任务二　自动空气开关的检修

一、DW10 型自动空气开关的检修

DW10 型空气开关的操作机构的合闸方式有直接手柄操作、电磁铁操作和电动操作等。

1 500 A以下的自动空气开关,可用手柄合闸。其中200～600 A 的自动开关,也可以根据需要采用电磁铁合闸。1 000～1 500 A 的自动空气开关,还可用电动机合闸。2 500～4 000 A 的自动空气开关则只能用电动机合闸。

(一)触头的检修

①触头的检修工艺同交流接触器。

②触头的开距和压力,应按表7.2 中规定的数值,并按主触头、副触头、灭弧触头的次序进行调整。

表7.2　DW10 系列触头的压力和开距

额定电压/V 名称	触头初压力/N		触头终压力/N		触头开断距离/mm
	1 000、1 500、2 500	400	1 000、1 500、2 500	400	1 000、1 500、2 500、400
灭弧触头	80～100	135～165	90～110	500～600	
副触头	45～55	45～55	80～100	70～90	>50
主触头	165～200	140～175	250～300	200～250	>20

③调整三相主触头、副触头和灭弧触头的同期性,其不同期误差应小于0.5 mm。

④调整触头动作次序,当自动空气开关闭合时,灭弧触头应先接触,其次是副触头,最后是主触头。自动空气开关分闸时,触头的断开次序正好与开关闭合时的次序相反。

(二)操作机构的检修

开关在操作过程中会经常出现合不上或断不开的问题,遇到这种情况就应检查机构各部件有无卡涩、磨损,挂钩及弹簧有无损坏,各部间隙是否符合规定的数值等,并针对所查出的具体故障部件予以处理。

(三)灭弧系统的检修

方法同交流接触器。

(四)调试

①调节挂钩背面的调节螺丝,使其自由脱扣机构在闭合时,挂钩可靠挂牢,其挂钩深度应不小于2 mm。若自由脱扣机构动作不灵活,应将其解体检查、清洗,但一般不要轻易改变内部的小弹簧。

②调节传动机构连杆的跳闸限位垫片,使自由脱扣机构在断开之后,顺利地形成"再扣"位置,准备下一次合闸。

③调节分励脱扣器连杆的长短,使其动作电压在额定电压的75%～105%范围内。调节失压脱扣器的弹簧长度,使其动作电压在满足额定电压的75%～105%时吸合,且在小于40%额定电压下瞬时断开。

④调节辅助接点动作连杆的上下高度,使分合时间能满足要求。

⑤当开关的操作行程不合适(即合闸不到位)时,对于电磁操作机构应调整其电磁线圈内芯的高度。

⑥脱扣器分为过电流脱扣器、分励脱扣器、失压脱扣器等。过电流脱扣器分为过电流、短

路均瞬时动作的脱扣器,过电流延时、短路瞬时动作的脱扣器和过电流、短路延时动作的脱扣器。若用开关本身的电磁脱扣器作为保护时,应调节电流的整定值(调整可调螺丝即可)。试验时,按图7.3接线,图中TR为单相自耦调压器,TA为大电流发生器,其二次侧电压很低,电流很大(6 V,2 000 A)。因此,大电流发生器的二次侧应采用大截面的导线(几根铝排并联或几根大截面电缆并联),否则二次得不到所需要的大电流。如果开关脱扣器的整定值较小(小于2 000 A),可用1台TA。若开关整定电流大(大于2 000 A)则应用2台TA并联。若配有其他的保护装置时,则最好将电磁脱扣器拆除(即把动作连杆去掉),以免误动作。

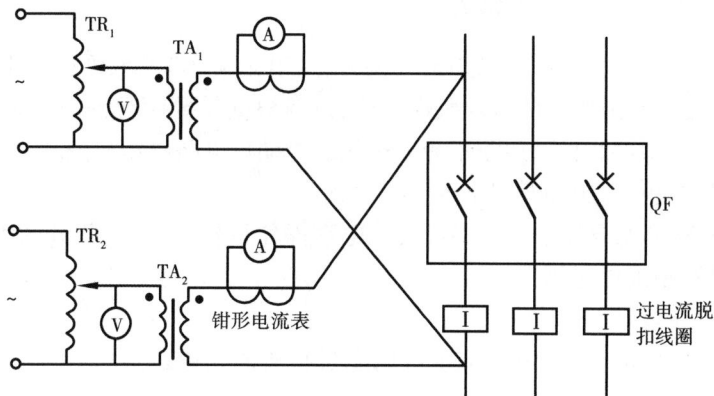

图7.3　自动空气开关电流脱扣试验接线图

由于TA二次侧电流很大,应用钳形电流表(可用一只1 000 A的钳形表)来测量电流。试验时合上开关QF,先缓慢调节TR,观察各部分正常后,再以较快速度升高TA的一次侧电压(若2台TA并联,应注意使一次侧电压升高同步,否则,将会在2台TA的二次侧产生环流,影响试验),直至开关跳闸,记下钳形表读数(开关跳闸前要十分注意看读数),即为脱扣电流值,直至动作电流为整定值。

⑦自动空气开关的分励脱扣及失压脱扣线圈特性试验,如图7.4所示。图中QK为刀开关,QF为自动空气开关辅助接点。

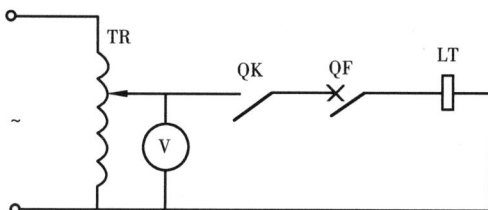

（a）分励脱扣试验接线图

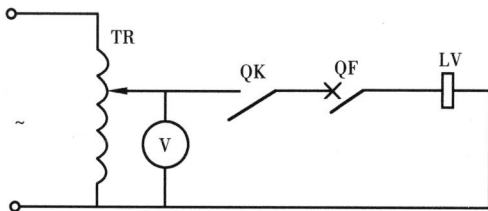

（b）失压脱扣试验接线图

图7.4　分励脱扣及线圈失压特性试验接线图

123

按图 7.4(a)进行分励脱扣线圈试验。先合上自动开关 QF,再合 QK,将 TR 由小到大调节,直至开关跳闸,记下此时电压 U,当 $U = (75\% \sim 105\%) U_N$ 时应保证能动作。

按图 7.4(b)进行失压线圈试验。将 TR 输出放在最大位置合上自动开 QF,失压脱扣器吸合。调 TR,使其输出为 $75\% U_N$,此时失压脱扣器应保持吸合,再调小 TR 输出,直至开关脱扣,记下此时的电压 U,U 应不小于 $40\% U_N$。图中 LT 为分励线圈,LV 为失压线圈。

全部调试完毕,必须经 2~3 次的电动试操作,无异常才算调试合格。

二、DZ10 型自动空气开关的检修

DZ10 型自动空气开关额定电流为 15~600 A,用于交流 500 V 的低压电路中,起过载或短路保护作用,并可装远距离操作的电动操作机构,以及根据需要而配备分励脱扣器、失压脱扣器和辅助触点等附属部件。也可用于不频繁操作的电动机电路中作为控制之用。它具有体积小、寿命长、保护特性稳定、脱扣器规格齐全等优点。

DZ10—250、600 型的自动空气开关可安装电动操作机构,并可装置分励脱扣器失压脱扣器及辅助触点,供远距离操作用。

检修要求如下所述。

①触头应保持足够的压力,用 0.05 mm 的塞尺检查时,其接触面积不小于 75%。导电部分螺丝应紧固。

②触头无烧损、毛刺,灭弧栅片应完整。

③跳、合闸机构应灵活、可靠、传动部分应涂润滑油。

④开关应擦拭干净,无灰尘、油垢。

⑤对热耦元件进行通电校验,动作电流值应与电动机容量相配合。

⑥检修工艺参照交流接触器。

任务三 电流继电器、中间继电器的修理

一、电流继电器的维修

(一)定时限电流继电器的维修

每种继电器均有其电气特性、机构特性、时间特性等技术要求,欲知其特性是否满足要求,需要通过电气试验的方法去测量,使之达到要求的标准,则要进行电气调整与维修。因此,电气试验、电气调整与维修三者不可分。

1. 内部与机构部分检查和维修

①继电器内部应无灰尘、油垢和杂物;其弹簧与各引出线应焊接良好,无虚焊、漏焊;螺钉与线头之间压接紧固,电流线圈引出线端子应有弹簧垫圈;触点桥与弹簧在轴上的固定螺钉应拧紧。

②转轴的纵向和横向活动范围应为 0.15~0.2 mm。

③舌片在动作过程中与磁极之间上下间应尽量相同,最小间隙不得小于 1 mm。舌片上下端部弯曲程度应相同,舌片活动范围为 7°左右。

④刻度把手应固定良好,把手在任何位置时均不得自由活动,把手与弹簧支杆之间大约成90°。

⑤继电器螺旋弹簧检查与调整维修。

a. 弹簧平面应与转轴严格垂直,若不能满足,可拧松弹簧里圈套箍与转轴间的固定螺钉,适当移动套箍位置进行调整,调好后,再拧紧固定螺钉。调整中应注意使调整把手在起始刻度时弹簧应放松,不受力。

b. 弹簧从起始位置转至最大位置的过程中,其层间不应彼此接触,且保持相同的距离。

如不符合要求,可将焊接弹簧外端的支杆用尖嘴钳适当地弯曲来满足,必要时,还可用镊子适当地弯折弹簧最外一圈的终端。

⑥继电器动、静触点检查与调整维修。

a. 触头桥与静触点接触时所交角度应为55°~65°,应在静触点首端1/3处开始接触,并在其上以不大的摩擦力滑行,其终点距静触点末端不得小于1/3。

对于常闭触点,为了使其可靠地闭合,要求在继电器不通电的情况下,其可动系统本身的质量能使其静触点略往下移;要求舌片与左上方限制杆不接触,保持不小于0.5 mm的距离。

b. 两静触点片的斜度应相同,弹性应一致。动触点桥在动作过程中,允许在本身的转轴上旋转10°~15°且沿轴向有活动间隙。

动、静触头间距离不得小于2 mm。触点桥在动作过程中,允许在本身的转轴下静触点同时接触。

c. 继电器的静触点装有一个限制振动的防振片,与静触点片叠在一起。当继电器不通电时,防振片与静触点之间有一不大于0.1~0.2 mm的间隙,或者刚刚接触。对带常闭触点的继电器,在最小刻度时,应保证触点间有一定的压力;当扭紧弹簧借以增加定值时,触点与防振片之间隙将随触点片的下降而增大,但在最大刻度时,其下降程度不得大于0.3~0.5 mm。

d. 触点应紧固和清洁,不洁之处可用小木条擦净;烧焦之处应用细油石打磨,最后用清洁软布擦净,禁止使用砂纸等粗糙材料处理。

⑦弹簧起始拉力的检查与调修,当调整把手在刻度盘的第一挡位置时,弹簧拉力应为零。检查时,应将继电器水平放置(转轴垂直向下),当可动系统处于自由位置时,调整把手应指在刻度盘的第一挡位置。如果不符合要求,可先将调整把手置于刻度盘第一挡位置,再将调整把手与弹簧支杆放松,使弹簧处于不受力的状态,然后再将它们紧固。此时它们之间的角度应大约为90°,如果相差太大,则应同时松开弹簧里圈套箍进行调整。当继电器垂直放置时,也可用此法进行检查与调整。

⑧轴承与轴尖的检查与维修,当电气特性试验中发现有缺陷,需要进行轴承和轴尖检查,方法如下所述。

a. 将继电器严格垂直放置,调整把手从最小刻度继续左旋至弹簧全部放松,触点刚好闭合,再将把手左右往复转动3°~5°,触点应能灵活地时开时闭。然后慢慢地将把手右旋,要求触点桥位置变更速度应均匀,如发现中途迟滞、停顿或速度突变,则应检查轴承、轴尖是否有损伤或有污物存在。

b. 检查前轴承时,应先将调整把手取下,拧松轴承固定螺母,将轴承拧出。检查后轴承时,应将固定铝支架的两具固定螺钉拧下来;断开底座上的接点连线,便可将可动系统支架全部取下,最后将后轴承的固定螺母拧松,取下轴承。

轴承是由青铜制成,检查时应先用柳木条的尖端(也可用火柴棍)将轴承擦干净,再用放大镜观察,如有裂口、偏心、磨损应更换。

c. 检查轴尖时,先将弹簧里圈套箍放松,将带有舌片和触点桥的转轴取出,要小心,不可损伤静触点,也不可使弹簧变形。轴尖用小木条擦净后,用放大镜仔细观察。良好的轴尖应呈圆锥形,且圆锥角应比轴承的凹凸小,使轴尖的轴承中有一点转动,而非贴紧在凹口的四周。轴尖表面应光滑,否则应用小木条磨光(不得用刀尖或指甲去刮),再用汽油洗净、软布擦干。轴尖磨钝时,应进行打磨或更换。

d. 轴承、轴尖装复后,应按前述各项重新进行检查。

2. 绝缘检查

①绝缘检查包括两个方面:一是用兆欧表(直流电压)进行绝缘电阻测量;二是交流耐压。

②当继电器接入二次回路额定电压为 48 V 及以下时,应用 500 V 兆欧表进行测量。当其二次回路额定电压为 110 V、220 V 时,应用 1 000 V 兆欧表进行测量。

测量对象包括互不连接的回路时、导体对电磁铁、导体对地之间的绝缘电阻。

③对绝缘电阻值的要求,见各继电器厂家技术资料。一般情况下,要求线圈对地的绝缘电阻不低于 50 MΩ;线圈间绝缘电阻不低于 20 MΩ。

④交流耐压试验,要求继电器的导体对地能耐受 50 Hz、1 000 V 的交流电压 1 min,无击穿或闪络现象;如无交流耐压设备,也可用 2 500 V 兆欧表代替。耐压试验前应将绝缘水平低于 1 000 V 元器件短接或拆除(如电子管、电容器等),以免耐压试验过程中被击穿。

3. 触点工作可靠性检查与调修

对于电流继电器,应以动作电流的 1.05 ~ 5 倍通以电流,当电流均匀上升时,常开触点应闭合良好,无抖动和火花;取动作电流的 1.05、3、5 倍 3 点各做 3 次冲击,其常开触点应无"鸟啄"现象。

继电器通入大电流时应注意其线圈的热稳定性,时间尽量短促。

继电器经大电流检查后,需重做动作电流试验,前、后两动作值之差不应大于 3%,否则应检查可动系统的固定情况。

①当继电器通入电流接近其动作值或当在刻度盘始端时,出现振动和火花,可用如下方法予以消除:

a. 静触点弹片弯曲不正确,当继电器动作时,静触点可能将触点桥弹回而产生抖动。可用镊子调整静触点片根部,以改变其弯曲程度。

b. 动触点桥的摆动角度过大,在接触过程中引起抖动。可将触点桥限制钩加以适当弯曲,以消除抖动。

c. 动、静触点相遇角调整不当,重调相遇角为 55° ~ 65°。

②在大电流时产生振动和火花的原因与消除方法。

a. 静触点片弹性过弱,在舌片动作时与限制螺杆相碰弹回,造成触点抖动。可适当缩短弹片有效长度以加大其弹性,若无效,则应更换较厚较硬的弹片。

b. 静触点弹片与防振片间间隙过大或防振片端部在静触点片上的位置不当,均易产生振动。可重调其间隙,直到弹片与防振片刚好接触;或调整防振片角度,以减少静触点片的有效位置。

c. 转轴在轴承中横向间隙过大,有时也会造成触点抖动。应适当调整轴承间隙,或修理轴尖,选取与轴尖相适应的轴承。

d. 轴尖不正,轴承偏心,舌片与电磁铁的上、下磁铁间隙不等,应更换不合格的轴尖或轴承。

e. 过分振动的原因也可能是舌片对触点桥的相对位置不当所引起。应适当调整动触点位置,但要注意保持足够的触点距离和共同行程。

(二)反时限电流继电器的维修

1. 内部与机构部分的检查与维修

①用羽毛或白纸条清除电器圆盘与磁极之间的灰尘;检查各零件是否完好无损,电源插头、各螺钉和接线头应压接良好。

②检查扇齿与蜗杆啮合深度,啮合深度以扇齿深的 1/3 ~ 2/3 为好。扇齿横向活动范围以不超过蜗杆中心线为宜。

③圆盘轴向蹿动间隙应为 0.15 ~ 0.2 mm,将圆盘转动,圆盘与磁极和永久磁铁之间应无摩擦;圆盘和磁极、圆盘和永久磁铁的上下蹿动间隙应不小于 0.4 mm,磁极平面应与圆盘平面平行。

④检查方框轴向活动范围,应不大于 0.15 mm,拉力弹簧应均匀无变形。

⑤电流速断元器件的可动衔铁应灵活地在轴上转动,其横向活动范围应不小于 0.1 mm。其整定旋钮应能可靠地固定在任何位置。

⑥要求触点片和触点应无折伤和烧损,触点距离应不小于 4 mm。触点闭合时,应有足够的压力(接触后有一定的共同行程),两触点中心应对正。动触点片置于下止挡上应有一定的压力。

⑦信号标示牌动作应正确灵活。

⑧绝缘检查同定时限电流继电器有关部分相同。

2. 始动(启动)电流的检验与调修

通入继电器的电流能使圆盘转动一周的最小电流就是始动电流,其值一般为电流整定端子数值的 20% ~ 30%。如果大于 40%,则应做如下检查:

①检查圆盘上下轴承和轴尖是否清洁有毛刺,钢球是否生锈或磨平。如系前者,应清除之;如系后者,则应予以更换。

②如系圆盘调整不当,应重新检查其机械部分,如有铁屑,应予清除。

3. 动作电流与返回电流的检验与调整

检验各个电流整定端子的动作电流与返回电流值。

通入继电器的电流逐渐增加到使蜗杆与扇齿啮合,待扇齿上升到将可动衔铁顶起,使触点闭合,该电流即为继电器感应元器件(过电流)的动作电流,该电流值与整定端子所标电流之差不应超过 ±5%。当蜗杆与扇齿啮合,减少电流至蜗杆与扇齿分开时的电流值,便是返回电流。返回电流值除以动作电流值就是返回系数,要求该系数不得低于 0.8。

①动作电流的调整,当动作电流值与整定端子电流值相差过大时,可调整反作用力矩弹簧使其得到满足。动作电流值偏大时,应减少弹簧拉力;反之,则应增大其拉力。除改变弹簧拉力的方法调整动作电流外,还可通过改变舌形钢片与电磁铁之间的距离来进行,若动作电流偏小,则应增大其距离;反之,减少距离。

当继电器通入稳定的动作电流时,扇齿应可靠地沿蜗杆上移,直到触点闭合,中途不应有卡死或掉下来的现象,否则,应进行如下调整:中途卡死现象如系扇齿与蜗杆啮合过紧所引起,可重新调整其啮合深度;如系扇齿下半部圆周半径稍长,只好更换扇齿。

②返回系数的调整,如果返回系数不能满足要求,可进行如下调整:

a. 改变蜗杆与扇齿的啮合深度,深度大返回系数低,反之则高。但要注意不能深度过小,否则有使继电器中途返回的危险。

b. 调整永久磁铁与磁极间的间隙,减少间隙时,返回系数提高,反之降低。厂家规定间隙为(2 ± 0.2)mm。

c. 变更舌形钢片与电磁铁间的距离,距离小返回系数低,反之则高。

d. 检查轴尖、轴承是否良好。

4. 速断元器件动作特性检验

检验速断元器件时,应将圆盘卡住,当通入动作电流的0.9倍电流时,该元器件不应动作;通入1.1倍电流时,其动作时间不应大于0.2 s,通入电流应以冲击值为准。

要求动作电流与整定电流之误差不应大于5%。

欲停用速断元件,可将其旋钮调至最大位置。

5. 动作时间检验与调修

检验前应将速断整定旋钮置于最大位置,以免在检验过程中动作。

①定时限部分动作时间检验与调整,通入10倍整定电流检验各时间标度的动作时间,要求其动作时间及相应的最大误差为(0.5 ± 0.1)s、(1 ± 0.1)s、(2 ± 0.2)s、(3 ± 0.3)s、(4 ± 0.5)s。如不满足,可调永久磁铁的位置,改变阻力矩的大小。如动作时间偏大,可将永久磁铁向圆盘中心移动;如偏小,则向边缘移动。还可用移动时间刻度盘的上下位置和扇齿杠杆的高低来满足要求。

②反时限部分动作时间检验与调整,在动作时限的最大和最小整定位置上,通入不同倍数的动作电流,取相应的动作时间,绘制反时限特性曲线。要求与继电器铭牌上所标曲线基本一致,对于整定位置上的动作时间应以3次测得的平均值为准,要求与整定时间之差不大于$\pm 5\%$。

如反时限特性曲线与铭牌曲线相差过大时,可利用永久磁铁间隙越大,曲线越直的特点进行调整。

a. 如果3倍动作电流时间过短,而10倍时间符合标准时,可调小永久磁铁间隙,令3倍时取正误差,10倍时取负误差,使之与铭牌曲线基本相符。

b. 如果3倍时间符合标准,而10倍时间过长时,则应与上述方法相反调整。

6. 反时限电流继电器检修工艺

①继电器解体按下列步骤进行:拆下铭牌→取下反作用力矩弹簧→松开圆盘轴承→取下圆盘→拆除扇齿轮→拆除活动框架。

②各零件的检修及其工艺要求。蜗轮轮齿与扇齿应光滑无毛刺;齿尖应有圆弧。轴齿如有毛刺或成刀口形,应在抛光机上进行抛光处理,并使其齿尖圆滑。

铝质圆盘应无破裂,圆盘与轴的焊接部分不应松动,盘的平面应平整。如不能满足要求,可按下列方法调整:

a. 若圆盘与轴的焊接部分松动,可用专用工具敲紧,或浇注松香使其牢固。

b. 若圆盘不平整,应将其置于水准架上,一面旋转圆盘,一面用手扳正圆盘平面,直到消除摩擦和颠簸为止。

c. 扇齿平面应垂直于尾部支点的横轴，否则，应予校正。对于圆弧半径不等的扇齿，可用敲打的方法延伸之，使其上下支臂相等。

d. 活动框架的两轴眼应在同一直线上，上下支臂应很平直，否则，应予校正。活动框架在装配好圆盘后，应置于专用轴架上(也可装在继电器上)，检查圆盘与左侧平衡锤是否平衡，若不平衡，可用增加或减少平衡锤的垫圈来调节平衡。

e. 电磁铁应无损伤和磁漆剥落现象，否则，应重涂黑磁漆或进行更换。速动衔铁的钢轴如生锈，应用#0砂纸磨光，或用布浇上汽油擦洗干净。电磁铁上限制动衔铁行程的铜铆钉应高出磁极平面0.2~0.3 mm。若过高，可锉去一点，脱落的应重新铆上。

f. 弹簧应无扭伤和层间不均匀，否则应予更换。

g. 所有轴座的轴眼应用柳木条浇上汽油进行清洗，对于生锈的轴眼，宜用小棱刀刮净。

h. 已经磨平和锈蚀严重的钢球，应予更换。

i. 动、静触点应用铜丝刷光，对于烧伤严重的触点，宜用细油石打磨平滑光亮。

j. 已失磁严重的永久磁铁，应予更换或重新充磁，其磁通密度一般为0.6T。

k. 对于松动的底座螺母，应重新铆紧。

l. 绝缘不良的胶木零件，应进行真空浸漆处理或者更换。

m. 电流线圈应无匝间短路和烧损现象，否则应重绕。

n. 电流整定插孔应能顺利地旋出，对不能旋入或旋入后接不紧的插孔，应用丝攻进行清洗。

继电器零件全部拆卸、检查、修理好后，在组装前，对铜质、铁质零件应用航空汽油清洗干净，然后，按如下程序进行组装：扇齿形齿→活动框架→速动衔铁→动、静触点→挂上弹簧。

组装完成后，便可进行机械部分调整，其要求和方法与前所述相同。

二、中间继电器的维修

(一)内部与机械部分检查与维修

①清洁内部灰尘，如果铁芯锈蚀，应用铜丝刷刷净，并涂上银粉漆。

②各金属部件和弹簧应完整无损，无变形，否则应予更换。

③动、静触点应清洁，接触良好，若有氧化层，应用铜丝刷刷净，若有烧伤处，则应用细油石打磨光亮。动触点片应无折损，软硬一致。

④各焊接头应良好，如为点焊者应重新进行锡焊，压接导线应压接良好。

⑤对于DZ型中间继电器，当全部常闭触点刚闭合时，衔铁与衔铁限制钩间的间隙不得小于0.5 mm，以保证常闭触点的压力；但当线圈无电时，允许衔铁与衔铁限制钩间有不大于0.1 mm的间隙。

⑥用手按住衔铁检查继电器的可动部分，要求动作灵活，触点接触良好，压缩行程不小于0.5~1 mm，偏心度不大于0.5 mm。动、静触点间直线距离要求：DZ型不小于3 mm，ZJ、YZJ型不小于2.5 mm。

⑦对于延时动作的中间继电器，要求其衔铁前端的磷铜片应平整，螺丝应紧固。

⑧对于出口中间继电器，应采用有玻璃窗口的外壳，以便观察其触点状况。

⑨对于外壳加装固定螺钉的继电器，应检查当外壳盖上后，动作时不应有卡塞现象。

⑩绝缘检查可参考电流继电器有关部分。

（二）线圈直流电阻检查

仅对电压线圈进行直流电阻测量，继电器电压线圈在运行中有可能出现开路和匝间短路现象，进行直流电阻测量便可发现。最简单的测量方法是用数字式万用表进行测量，比较准的是用电桥。

（三）线圈极性检查

对于有保持线圈的中间继电器（直流继电器），动作线圈与保持线圈之间的极性关系非常重要，要求同极性。只有同极性才能起保持作用（因为两线圈产生的磁通方向相同）。

极性检查方法如下：假设动作线圈接直流电源正端为 1L+，接负端为 1L−；保持线圈接直流正端为 2L+；接负端为 2L−。检查时用一节一号电池，一只万用表，使用直流电压（或毫伏）挡，正极接 2L+，负极接 2L−；电池负极接 1K2，当电池的正极碰 1K1 时万用表指针右摆（i_E 方向），就说明两线圈同极性；若左摆，说明二者反极性。

（四）动作、返回、保持值检验与调整维修

①动作、返回值检验，利用分压法由小到大调整电压（电流），使继电器动作，该值即为动作值；然后逐渐降低电压（电流），使继电器返回的最高电压即为返回值。

对于出口中间继电器，要求其动作值为额定电压的 55%～70%，其他中间继电器的动作电压为额定电压的 30%～70% 或不大于额定电流（或回路电流）的 70%。

关于返回电压（电流），一般要求不小于额定值的 5%；具有延时返回的中间继电器，要求其返回电压不小于额定电压的 2%。

②保持值检验，对于具有保持线圈的中间继电器，要求作保持线圈的保持值检验。保持线圈有电流线圈和电压线圈，要求保持电流不大于 80% 额定电流；电压线圈不大于 65% 额定电压。

③调整维修方法。

a. 当继电器的动作、返回、保持值不符合要求时，可调整其弹簧或电磁铁的气隙。若弹簧过弱或失效时，应更换。调整后应重新检查触点距离和压缩行程。

b. 当继电器动作、返回缓慢时，应进行机械部分检查与调整。对 DZ 型继电器应放松其弹簧，调整衔铁与上磁轭板连接的角形磷铜片。对于 ZJ、YZJ 型继电器，应检查其可动系统是否有卡塞现象。

（五）触点工作可靠性检验

在相互配合动作检验时进行观察，触点断弧能力应良好。

任务四　低压电器的试验

试验是判别低压电器产品质量好坏的一个重要手段。低压电器的产品试验，分出厂试验（检查试验）和型式试验两种。

大修中做解体检修的，对零部件进行过修理的，存放已久未用过的低压电器，在重新使用前均应做出厂试验。

出厂试验通常包括一般检查、动作性检查、绝缘耐压试验、发热试验（不是全部产品）和制造与装配质量检查等。

所修理的低压电器产品中,可能是新产品,也可能是老产品,这就要根据"新产品按新标准、老产品按老标准"的原则进行试验,并判定其合格与否。

现将低压电器修理后常需进行的出厂试验项目、标准、要求和方法作如下介绍。

一、一般检查

所有检修出厂拟重新使用的低压电器,首先应做一般检查。一般检查的内容有装配质量检查,如零部件装配的正确性和电器在各种状况时的分合情况,触头接触面的多少、偏移量、卡碰现象、紧固情况等,触头参数的检查,包括开距、超程、初压力和终压力等的检查;用手操作的电器要用弹簧秤做操作力的检查,按不同操作频率与电流所规定的操作力见表7.3;此外,还应检查接线和接地端头(如果有的话)的情况。

表 7.3　手操作电器操作力的规定

操作频率	操作方式	允许操作力或力矩		
		$I_N \leqslant 100$ A	$100 \leqslant I_N \leqslant 600$ A	$100 \leqslant I_N \leqslant 600$ A
≤30 次/h	用手推拉操作的电器,如中央手柄式刀开关和侧面操作的电器	< 250 N	350 N	450 N
	用手握长柄正面旋转操作电器	< 200 N	< 250 N	< 350 N
	用旋钮式手柄正面旋转操作的电器,如组合式转换开关	< 4 000 N·mm	< 6 000 N·mm	—
	用手轮或手柄旋转操作的电器	< 100 N	< 200 N	—
>30 次/h	用旋转式手柄正面旋转操作的电器	< 200 N·mm	< 4 000 N·mm	—
	用手轮或手柄旋转操作的电器	< 50 N	< 100 N	—

二、动作值的测定

动作值的测定,包括电磁式电器动作值的测定及保护特性的测定。

(一)测定标准

①对于低压电器中由电磁系统操动而工作的电压线圈,热态吸合电压不超过85%额定工作电压,冷态释放电压应大于额定工作电压10%(交流)或20%(直流)。

②对于短时工作的电压线圈,应在最高周围空气温度下,以110%额定工作电压操作10次,每次间隔5 s,其后吸引线圈仍能在85%额定工作电压下可靠工作;分励线圈在70%额定工作电压下可靠工作。

③用电动机操作的电路,当电压在85%～110%额定值范围内,应可靠工作。

④配电用断路器过电流脱扣器各极同时通电时的反时限断开动作特性见表7.4。

表 7.4 配电断路器过流脱扣器的反时限动作特性

脱扣器	电流整定值			动作时间/h	周围空气参考温度/℃
	脱扣器电流/A	X 倍	Y 倍		
无温度补偿	$I \leq 63$	1.05	1.35	1	+20 或 +40
	$I > 63$	1.05	1.25	2	
有温度补偿	$I \leq 63$	1.05	1.30	1	+20
		1.05	1.40	1	−50
		1.00	1.30	1	+40
	$I > 63$	1.05	1.25	2	+20
		1.05	1.35	2	−5
		1.00	1.25	2	+40

注:1. X—不脱扣电流整定电流倍数;Y—脱扣电流整定电流倍数。

2. 当三极过电流脱扣器仅有两极通电时,Y 倍中规定的最大电流值应增加 10%。

⑤热过载继电器及电磁式过载延时继电器的特性见表 7.5。

表 7.5 热过载继电器及电磁式过载延时继电器的动作特性

通电状况	过载继电器		整定电流倍数				周围温度/℃
	类型	温度补偿	1 型		2 型		
			2 h 不动	2 h 不动	2 h 不动	2 h 不动	
各相平衡	热、电磁	无	1.05	1.2	0.87	1.00	
	热	有	1.05	1.2	0.87	1.05	+20
			1.05	1.3	0.87	1.11	−5
			1.00	1.2	0.87	1.00	+40
两相通电	热	无	1.05	1.32	0.87	1.10	+20 或 +40
	热	有	1.05	1.32	0.87	1.16	+20
负载不平衡	热	有	两相 1.00 一相 0.99	两相 1.15 一相 0.75	两相 0.83 一相 0.75	两相 1.00 一相 0	+20

注:1. 1 型过载继电器指按所匹配电动机的满载电路选定,而 2 型指按最终动作电流选定。

2. 作交流电动机过载保护的断路器的反时限装置,其特性同 1 型。

⑥作线路或电动机保护用的交流断路器和继电器,其动作值及可调范围见表 7.6。

(二) 动作值的测定

①要求试验电路与电流保持恒定,应使电压线圈端电压的波动,在电流空载时不大于 5%。电流线圈中的电流波动,在打开衔铁时应不大于 5%。直流电源应采用蓄电池电源或三相全波整流电源,但电压线圈允许采用单相全波整流电源。

②对于交流电动电器动作值的测定,如有选相合闸装置的,则应在最不利相角下试验 1

次;若无选相装置,则在试验时应做不小于 10 次的测量。

对于直流电动电器动作值的测定,在检查试验时不少于 3 次,每次都要改变线圈极性。

表 7.6　线路或电动机保护用交流电器动作值及可调范围

类　别		适用范围	动作方式	短延时时限/s	电流或电压动作值为额定值的倍数	
					可调范围	不可调式
过电压	选择型	$I_N \leqslant 2\,500\,A$	短延时	0.1、0.25或 0.5	3 ~ 10	任选一整定值
		$I_N \geqslant 2\,500\,A$			3 ~ 6	
		$I_N \leqslant 2\,500\,A$	瞬时	—	10 ~ 20	
		$I_N \geqslant 2\,500\,A$			7 ~ 14	
	非选择型	$I_N \leqslant 100\,A$	瞬时	—	3 ~ 50	任选一整定值
		仅带瞬时脱扣器			1 ~ 3、3 ~ 6、5 ~ 10、6 ~ 12	
		仅和长延时配合的瞬时脱扣器			3 ~ 10	
	保护电动机	可配长延时	瞬时	—	3 ~ 6 或 8 ~ 15	5 或 12
过电流	过载保护	线路用	反时限	—	0.7 ~ 1	—
		电动机用		—		
欠压	欠电压保护		瞬时	—	0.4 ~ 0.7	0.35 ~ 0.7
			延时	1、3、5		
失压	失压保护		瞬时	—	—	0.10 ~ 0.35
			延时	1、3、5		

注:1. 选择型断路器是指具有短路延时过电流脱扣器或兼有欠压延时或失压延时断路器,其余均以非选择型断路器。
　　2. 过电流脱扣器的动作值除热式外,是指 −5 ~ 40 ℃ 的范围内,而与周围空气温度无关。

(三)保护特性测定

①进行保护特性测定时,通过被试电器的电流波动应小于 ±2.5% 。

②熔断器的保护特性试验,从最小熔化电流到极限分断能力之间分几挡电流做试验。

三、绝缘电阻和耐压试验

绝缘电阻与耐压试验是检查电器的介电性能,保证导电部分之间及导电部分对地之间绝缘,以保护人员的操作安全和电器的可靠使用。通常用测量绝缘电阻和耐压试验的方法,检查绝缘材料及其结构的介电性能。

(一)绝缘电阻的测量

测量的部位:

①主触头在断开位置时,同极的进线与出线之间。

②主触头在闭合位置时,不同极的带电部件之间,触头与线圈之间以及主电路与控制和辅助电路(包括线圈)之间。

③各带电部件与金属支架之间。带电部件包括主电路与控制和辅助电路。

自动空气开关等低压开关电器,在运行中应定期进行绝缘试验,试验的项目主要是测量绝缘电阻和交流耐压试验。试验周期一般为 1~3 年。

测量的仪表是兆欧表,兆欧表的电压等级应根据被试开关电器的额定电压来选取,见表7.7。

表 7.7　兆欧表的选用

被试开关电器额定电压 U_N/V	兆欧表的电压等级/V
$U_N \leq 60$	250
$60 \leq U_N \leq 660$	500
$660 \leq U_N \leq 1\ 000$	1 000

绝缘电阻的要求值,可参考出厂值,自行规定。

测量绝缘电阻应注意的主要事项如下:

①接线前应对被试开关电器放电,通常为 1 min。

②校验兆欧表是否指零或无穷大。

③测量被试品导电部分与地之间的绝缘电阻时,兆欧表的 L 和 E 端子应连接正确,即 L 端子接被试品与大地绝缘的导电部分,E 端子接被试品的接地端。

④兆欧表与被试品之间的连线不能绞接或拖地,以免带来测量误差。

⑤历年测量应采用同一型号或同一块兆欧表,以便比较。

⑥采用手摇式兆欧表进行测量时,应以恒定转速转动摇柄,待 1 min 后读取其绝缘电阻值。

⑦试验完毕后或重复进行试验时,必须认真放电,以免触电。

(二)耐压试验

施加电压的部位:

①主触头处于断开位置时,同极的进线与出线之间。

②主触头处于闭合位置时,各极带电部件连接在金属支架之间。

③不与主电路连接的控制辅助电路连接金属支架。

④相互绝缘的控制电路与辅助电路之间。

试验电源的电压应当是正弦波,频率为 45~62 Hz。在试验过程中,如没有发生绝缘击穿、表面闪络、泄漏电流明显增大或电压突然下降等现象,则认为试验合格。

若在试验过程中无异常现象,应判断为合格。

若有焦煳味、闪络、放电或击穿,则应查明原因。

试验中所施加的试验电压与开关电器的额定电压有关,见表7.8。

表 7.8　交流耐压试验的试验电压值

额定电压 U_N/V	试验电压/V
$U_N < 60$	1 000
$60 < U_N \leqslant 300$	2 000
$300 < U_N \leqslant 660$	2 500
$660 < U_N \leqslant 800$	3 000
$800 < U_N \leqslant 1\ 000$	3 500

项目八
异步电机控制实训

任务一　三相异步电机控制电路认知

异步电机控制电路工作原理如下所述。

根据电磁感应原理将电能转换为机械能的动力设备称为电动机。电动机又可分为直流电动机和交流电动机两大类。交流电动机又分为异步电动机和同步电动机。由于三相异步电动机具有结构简单、价格低廉、工作可靠、维护方便等优点,目前绝大多数生产机械均采用三相异步电动机来拖动。在一般工矿企业中三相鼠笼式电动机的数量占电力拖动设备总台数的85%左右。

使用低压电器构成的电路,可以在逻辑上使三相异步电动机完成启动、调速、制动等工作过程,并按照设计拖动生产机械的运行,以完成各种生产任务,同时还能对电能的产生、分配起控制和保护作用。应用这些电器组成的自动控制系统称为电器控制系统(原称继电器—接触器控制系统)。

电器控制线路图的表示方法有两种:一种是安装图,一种是原理图。安装图是根据电器实际位置和实际接线用规定符号画出的,这种电路便于安装。原理图是根据工作原理而绘制的。

以鼠笼式电动机直接启动为例,安装图如图8.1所示。

在图中使用了组合开关Q交流接触器KM、按钮SB、热继电器FR及熔断器FU等几种电器。线路图可分为两部分:主电路和控制电路。

主电路是:

三相电源—Q—FU—KM(主触头)—FR(热元件)—M3 ~

控制电路是:

1—SB₁—3—SB₂—5—KM(线圈)—4—FR(动断触头)—2

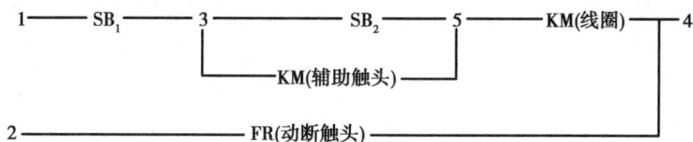

136

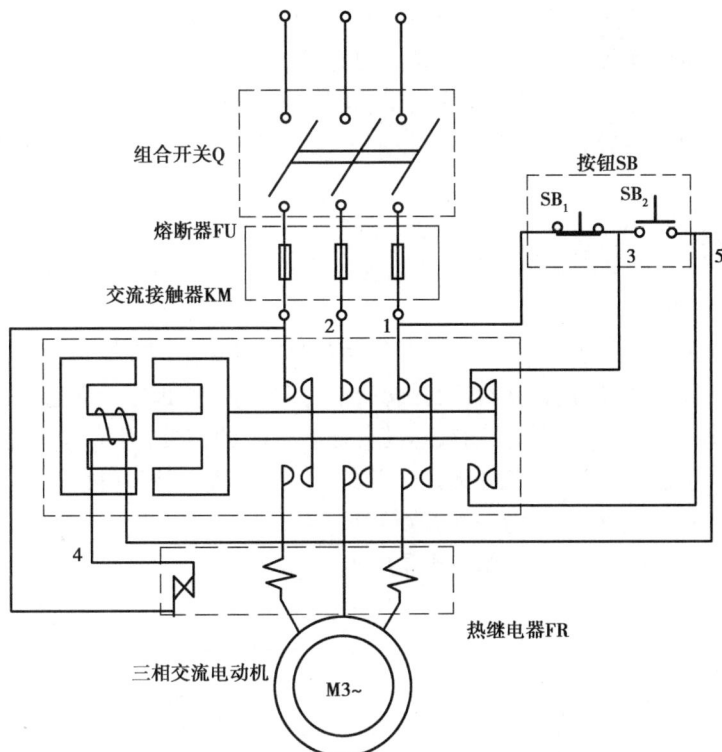

图 8.1　鼠笼式电动机直接启动的控制线路安装

控制电路的功率很小，因此可以通过小功率的控制电路来控制功率较大的电动机。先将组合开关 Q 闭合，为电动机启动做好准备。当按下起动按钮 SB$_2$ 时，交流接触器 KM 的线圈通电，动铁芯被吸合而将 3 个主触头闭合，电动机 M 便启动。当松开 SB$_2$ 时，它在弹簧的作用下恢复到断开位置。但是由于与启动按钮并联的辅助触头和主触头同时闭合，因此接触器线圈的电路仍然接通，而使接触器触头保持在闭合位置。这个触头称为自锁触头。如将停止按钮 SB$_1$ 按下，则将线圈的电路切断，动铁芯和触头恢复到断开的位置。

采用上述控制电路还可以实现短路保护、过载保护和零压保护。

起短路保护的是熔断器 FU。一旦发生短路事故，熔丝立即熔断，电动机立即停车。

起过载保护的是热继电器 FR。当过载时，它的热元件发热，将动断触头断开，使接触器线圈断电，主触头断开，电动机也就停下来。

为了可靠地保护电动机，常用两个热元件，分别串接在任意两相中。这样不仅在电动机过载时有保护作用，而且当任意一相中的熔丝熔断作单相运行时，仍有一个或两个热元件中通有电流，电动机因而得到保护。

零压保护是指当电源暂时停电时，电动机即自动从电源切除。因为这时接触器线圈中的电流消失，动铁芯释放使主触头断开。当电源电压恢复时如不重按启动按钮，则电动机不能自行启动，因为自锁触头也已断开。如果不是采用电器控制系统而是直接用刀开关或组合开关进行手动控制时，由于在停电时未及时拉开开关，当电源恢复时，电动机即自行启动，可能造成事故。

在图 8.1 中，各个电器都是按照实际位置画出的，属于同一电器的各部件都集中在一起。

这样的图称为结构图。这样的画法比较容易识别电器,便于安装和检修。但当电路比较复杂和使用的电器较多时,线路便不容易看清楚。因为同一电器的各个部件在机械上虽然连在一起,但在电路上并不一定互相关联。因此为了读图和分析研究,也为了设计线路的方便,控制线路常根据其作用原理画出,把控制电路和主电路清楚地分开。这样的图称为控制线路原理图。

在控制线路原理图中,各种电器都用统一的符号来表示。

在原理图中,同一电器的各个部件(譬如接触器的线圈和触头)是分散的。为了识别,它们用同一文字符号来表示。

在不同的工作阶段,各个电器的动作不同,触头时闭时开。而在原理图中只能表示出一种情况。因此,规定所有电器的触头均表示在起始情况下的位置,即在没有通电或没有发生机械动作时的位置。对接触器来说,是在动铁芯没有被吸合时的位置;对按钮来说,是在未按下时的位置;等等。在起始情况下,如果触头是断开的,则称为动合触头(因为一动就合);如果触头是闭合的,则称为动断触头(因为一动就断)。

在上述的基础上,画成原理图,如图8.2所示。

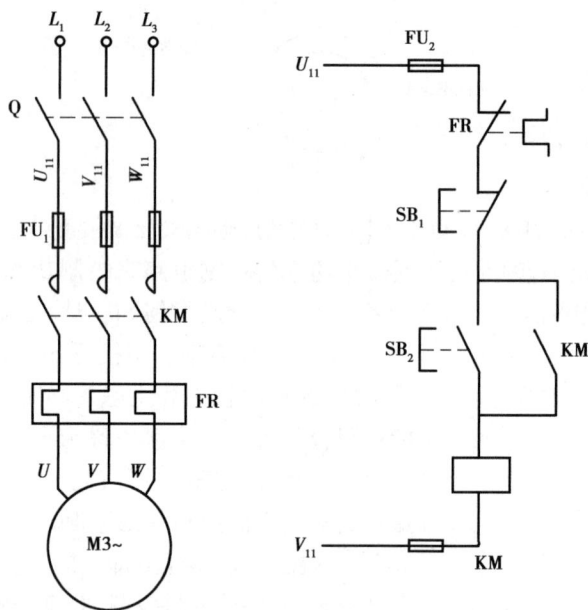

图8.2　鼠笼式电动机直接启动的控制线路原理

如果将图8.2中的自锁触头(KM的辅助动合触头)除去,则可对电动机实现点动控制,就是按下启动按钮SB_2,电动机就转动,一松手就停止。

任务二　三相异步电机控制电路形式

1.鼠笼式电机直接启动、停止的控制电路

鼠笼式电机直接启动、停止的控制电路是最基本的控制电路,也是最广泛应用的电路。原理图如图8.3所示。该电路能实现对电动机的启动、停止的自动控制;远距离控制;频繁操作;

并具有必要的保护,如短路、过载、零压等保护。控制的基本方法是通过按钮发布命令信号,而由接触器通过对输入能量的控制来实现对控制对象的控制,继电器则用以测量和反映控制过程各个量的变化。例如,热继电器反映被控制对象的温度变化,并在适当时发出控制信号使接触器实现对主电路的各种必要的控制。

2. 鼠笼式电机正反转的控制电路

在生产上往往要求运动部件向正、反两个方向运动。例如,机床工作台的前进与后退,起重机的提升与下降重物,机械主轴的正转与反转,电动门的开启与关闭,等等。为了实现正、反转,人们在学习三相异步电动机的工作原理时,已经知道只要将接到电源的任意两根连线对调接头即可。为此,只要用两个交流接触器就能实现这一要求,主电路如图8.3所示。

当正转接触器 KM_1 工作时,电动机正转;当反转接触器 KM_2 工作时,由于调换了两根电源线,所以电动机反转。

如果两个接触器同时工作,从图8.3可以看到,将有两根电源线通过它们的主触头而将电源短路了。所以,对正、反转控制线路最根本的要求是:必须保证两个接触器不能同时工作。

这种在同一时间里两个接触器只允许一个工作的控制方法称为互锁(互相锁死对方)控制或联锁控制。下面分析两种有互锁保护的正、反转控制线路。

1)电气互锁的鼠笼式电机正反转控制线路

如图8.3所示的控制线路中,正转接触器 KM_1 的一个动断辅助触头串接在反转接触器 KM_2 的线圈电路中。这两个动断触头称为互锁触头,以此接法完成互锁保护功能。

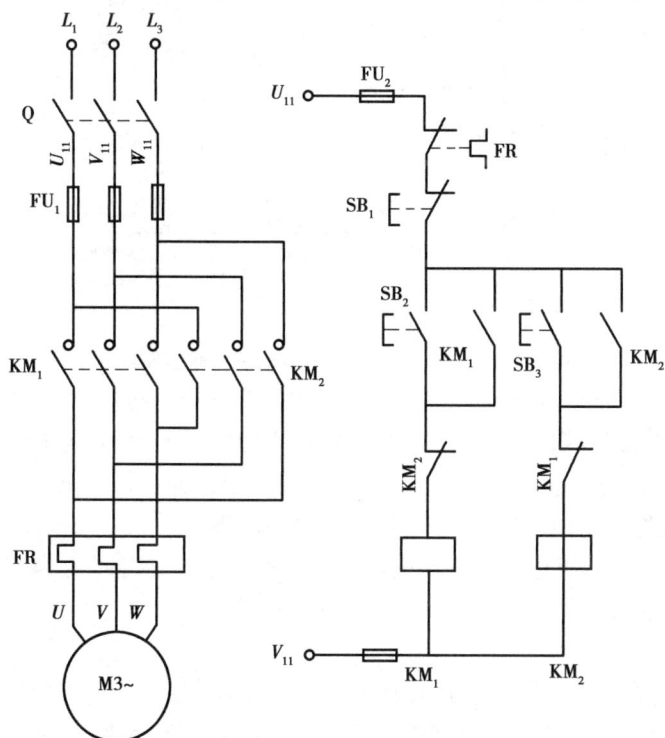

图8.3　电气互锁的鼠笼式电机正反转控制线路

当按下正转启动按钮 SB_2 时正转接触器线圈 KM_1 通电,主触头 KM_1 闭合,电动机正转。

与此同时互锁触头（KM₁ 动断触头）打开,断开了 KM₂ 的线圈电路。因此即使误按反转 FHNV 动按钮 SB₃,反转接触器线圈 KM₂ 也不能得电,从而保证了反转电路不工作。

2）机械互锁的鼠笼式电机正反转控制线路

在图 8.3 所示的电气互锁鼠笼式电机正反转控制线路中有个缺点,要想改变电动机的转向,必须先按停止按钮 SB₁,让互锁动断触头回位后,才能改变电动机的转向。例如,电动机已在正转时有 KM₁ 组工作（KM₁ 线圈得电,KM₁ 的动合触头接通对 KM₁ 实现自锁,KM₁ 的动断触头断开实现了 KM₁ 与 KM₂ 之间互锁）此时按动反转启动按钮 SB₃ 不能使 KM₂ 组工作,必须先按下停止按钮 SB₁ 解除 KM₁ 组的工作状态,才能使 KM₂ 组投入运行,给操作带来不便。采用两个双联按钮可以在机械联动上实现互锁,如图 8.4 所示。

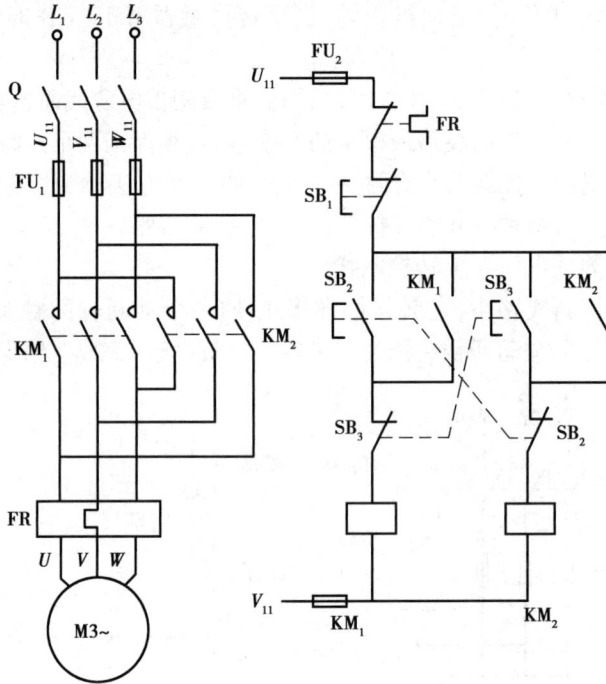

图 8.4　机械互锁的鼠笼式电机正反转控制线路

例如,当电动机正转时,有 KM₁ 组工作,此时按动反转启动按钮 SB₃,双联按钮的机械联动动断按钮断开,切断 KM₁ 线圈的通路,可使 KM₁ 组立即停止工作,并使 KM₂ 组开始工作,电动机反转。不需先按停止按钮 SB₁,就可以进行电动机的换向操作。

3）电气和机械复式互锁的鼠笼式电机正反转控制线路

图 8.5 所示为电气和机械复式互锁的鼠笼式电机正反转控制线路,机械联动实现换向操作,同时也实现了互锁,电气互锁与机械互锁形成双重保护。

3.行程控制

在生产过程中,常常需要控制生产机械的某些运动部件的行程。例如,龙门刨床、导轨磨床的工作台等,需要在一定的行程范围内自动地进行往复循环运动,这种运动可由行程开关来控制。

行程开关有一对动合和一对动断触头,静触头装在绝缘的基座上,动触头与推杆连接。当推杆受到装在运动部件上的挡铁作用时,触头换接,在挡铁离开推杆后,恢复弹簧使开关自动复位。

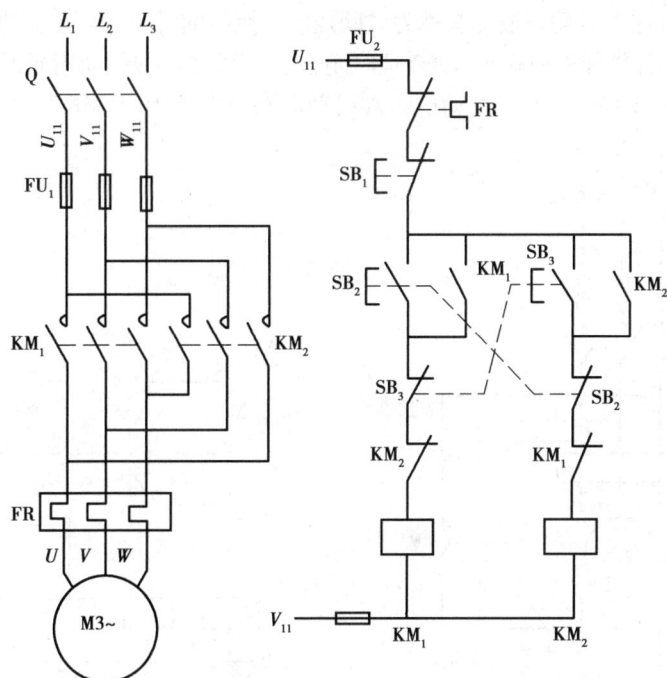

图8.5　电气和机械复式互锁的鼠笼式电机正反转控制线路

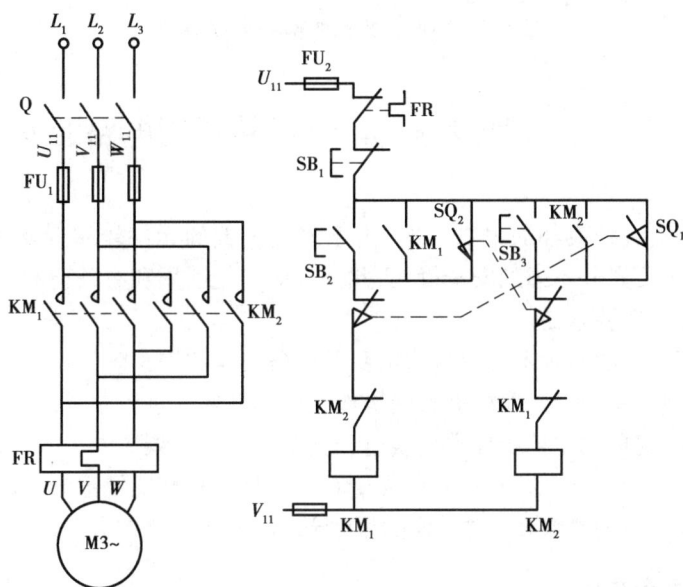

图8.6　由行程开关控制的工作台自动循环线路

由行程开关控制的工作台自动循环线路如图8.6所示,交流电动机拖动的工作台可以向前或向后往复运动。图中的SQ即为行程开关。

4.时间控制

在自动控制系统中,经常要延迟一定的时间或定时地接通和分断某些控制电路,以满足生产上的要求。例如,电动机作Y-△方式启动时,先以Y接线方式运行,延时一段时间后(启动完毕),

再改为△方式运行,这种自动转换控制称为时间控制。用时间继电器可以完成时间控制。

常用的时间继电器有4种触头:动合延时闭合、动合延时断开、动断延时闭合、动断延时断开。图8.7所示为13 kW以下的电动机Y-△启动电路,KT即为时间继电器。

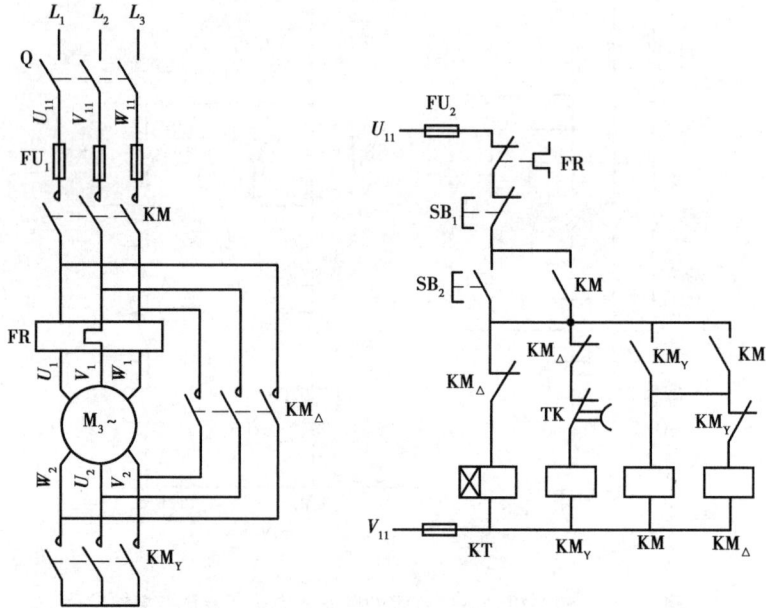

图8.7 13 kW以下的电动机Y-△启动

任务三　三相异步电机正、反转控制电路的安装

电气控制电路安装结束在通电试验时,由于安装板上的元件较靠近操作者,易出安全问题。所以,现场布置要充分考虑到安全操作,此外也应满足适用和有条理的要求。电气控制安装操作现场布置的一般要求是:

①电源和安装设备的布置不应有危害人身及设备安全的因素。

②现场布置应整齐有条理,要根据安装操作的内容与要求进行布置,以方便于连接线路及故障检查为出发点,避免无序接线导致接线过分交织与接线错误。

③安装操作现场应清洁,照明适当,以便于观察元件动作情况及记录测试数据。

④常用工具要整齐地摆放在一边,不使用的导线不要放在操作台上。

一、控制电路面盘布置

电气试验台通常主要提供电源和一些安全保护措施。台面上还有各种控制线路或小型电机。对操作台的总体布置一般是电源与被控电机放置两侧,电机体积或质量较大时应放在操作台一侧的地面上,中间放置测试用的控制线路接线面盘。

电源部分应具有:

①三相四线制380 V/220 V电压输出,每相都带有指示灯指示该相状态。

②电源配有适当的漏电保护断路器,用于保护测试操作人员的安全。

③电源带有紧急停止按钮,用于在紧急情况下及时切断电源。

④配有足够数量、容量和形式的插座供使用。

控制电路面盘布置如图8.8所示。

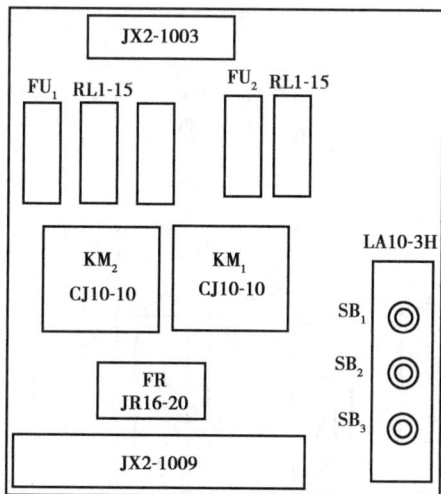

图8.8　控制电路面盘布置图

图中JX2-1003为主电路接线端子排,JX2-1009为控制电路接线端子排,FU$_1$为主电路熔断器,FU$_2$为控制电路熔断器,SB$_1$停机按钮,SB$_2$电动机正转按钮,SB$_3$电动机反转按钮,KM$_1$、KM$_2$为交流接触器,FR为热继电器。

二、控制电路布置

1.电气接线图的绘制原则

电气接线图的绘制应当根据电气原理图、装配图以及接线的技术要求进行绘制,绘制接线图的规则如下:

①在接线图中,各电器的相对位置应与实际安装的相对位置一致。

②电机和电器元件仍用原理图中规定的图形符号来表示。属于同一电器的触点、线圈以及有关的安装部分应绘在一起,并用细实线框入。各电机、电器上的接线端号和接线端的相对位置也应与实物一致。

③各电机、电器的文字符号和接线的编号应与电气原理图一致。

④成束的接线可用一条实线表示。接线很多时,可在电器的接线端只表明接线的线号和去向,不一定将线全部绘出。

⑤在分部接线图中,对于外部接线用的接线座,应注明外部接线的去向和接线编号。

2.异步电动机线路安装的步骤

①根据原理图绘制接安装线图。

②检查电器元件。检查按钮、接触器的分合情况;测量接触器、继电器等的线圈电阻;观察电机接线盒内的端子标记等。

③固定电器元件。按照接线图规定位置定位,将各元件固定牢靠。

④按图接线。按接线图的线号顺序接线。

3. 异步电动机正、反转控制线路的安装接线图

图 8.9 根据图 8.3 和图 8.4 原理图绘制而成。识读接线图时,先看主电路,再看控制电路,注意对照电气原理图画接线图,并注意图中的线路标号,它们是电器元件间导线连接的标记。

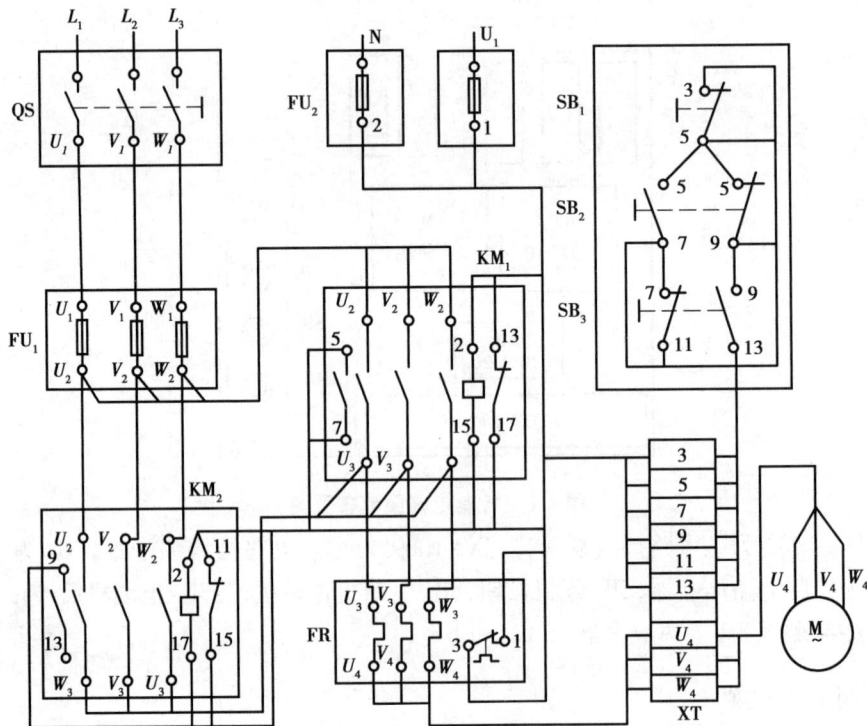

图 8.9 异步电动机正、反转控制线路的安装接线图

三、电气元件安装

1. 设备及仪表选择

设备及仪表选择见表 8.1。

表 8.1 设备及仪表选择表

序号	名　称	型　号	数量	备注
1	三相鼠笼式异步电动机	Y-100L2-4　3 kW 6.8 A	1	
2	交流接触器	CJ10-10 线圈电压 380 V	2	
3	热继电器	JR16-20/3 整定电流 6.8 A	1	
4	按钮开关	LA10-3H	3	
5	负荷开关	HK1-30/3　30 A	1	
6	熔断器	RL1-15　15 A 配 10 A 熔体	5	
7	接线排	JX2-1009	2	
8	电压表	交流 500 V	1	备用

2.安装工具及材料

安装工具及材料见表8.2。

表8.2　安装工具及材料表

序号	名　称	规　格	数　量	备　注
1	测电笔		1	
2	电工钳		1	
3	剥线钳		1	
4	电工刀		1	
5	螺丝刀	一字	1	
6	螺丝刀	十字	1	
7	绝缘导线	BV1.5 mm^2		主电路(三色区别)
8	绝缘导线	BV1 mm^2		控制电路(两色区别)
9	绝缘导线	BVR0.75 mm^2		按钮线(三色区别)

3.安装注意事项

①电动机及按钮的金属外壳必须可靠接地。

②螺旋熔断器座螺壳端应接负载,另一端接电源。

③所有电器上的空余螺钉一律拧紧。

④热继电器的主触点和辅助触点应分别安装在主电路和控制电路上。

⑤互锁触头不能接错,否则会出现两相电源短路的事故。

⑥电动机在正、反转时会出现较大的反接制动电流和机械冲击力,因此电动机的正、反转不要过于频繁(特别是双重互锁的直接正、反转控制线路)。

⑦电动机在反转时会在实验台面跳动,应注意固定好电动机,以免发生意外。

四、电动机控制电路布线安装工艺

(一)板前布线安装工艺规定

①在电气线路上编号,需遵循以下规则:

a.主电路三相电源相序依次编写为 L_1、L_2、L_3,电源控制开关的出线桩按三相电相序依次编号为 $1L_1$、$1L_2$、$1L_3$。电动机3根引线按相序依次编号为 U、V、W,从下至上每经过一个电器元件的接线桩后,编号要递增,如1U,1V,1W,2U,2V,2W,…,没有经过接线柱的编号不变。

b.控制电路与照明、指示电路,从左至右(或从上至下)只以数字编号,以一个串联回路内电压最大的元件线圈为中心,左侧用单号,右侧用双号(或上侧用单号,下侧用双号),号码自小排起,每经过一个接线桩编号要递增,6号和9号应尽量不同时用在一个控制线路中,以免造成混乱不便判断。

②布线前根据电器原理图绘出电气设备及电器元件布置与电气接线图。

③根据电气原理图中电动机容量,选择出所用电气设备、电器元件、安装附件、导线等,并进行检查。

④在控制板上,依据布置图固装元器件,并按电气原理图上的符号,在各电器元件的醒目

处贴上符号标志。

⑤所有的控制开关、安装的控制设备和各种保护电器元件,都应垂直安装或竖直放置,空气开关和电磁开关以及插入式熔断器等应装在震动不大的地方。

⑥板前布线工艺应注意:

a.布线通道尽可能少,同路并列的导线按主、控电路分类集。

b.同一平面导线不能交叉,非交叉不可时只能在另一导线因进入接点而抬高时,从其下空隙穿越。

c.布线要横平竖直,弯成直角,分布均匀和便于检修。

d.布线次序一般是以接触器为中心,由里向外,由低至高,先控制线路后主电路,主控制回路上下层次分明,以不妨碍后续布线为原则。

⑦接头、接点处理应做到:

a.给剥去绝缘层的线头两端套上标有与原理图编号相符的号码套管。

b.不论是单股线还是多股线的芯线头,插入连接端的针孔时,必须插入到底。多股导线要绞紧,同时导线绝缘层不得插入接线板的针孔,而且针孔外侧导线裸露不能超过芯线外径。螺钉要拧紧不可松脱。

⑧线头与平压式接线桩的连接应注意:

a.单股芯线头连接时,将线头按顺时针方向弯成平压圈(俗称"羊眼圈"),导线裸露不超过导线心线外径。

b.软线头以顺时针方向绞紧,围绕螺钉一周后,回绕一圈,端头压入螺钉。外露裸导线,不超过所使用导线的心线外径。

c.每个电器元件上的每个接点不能超过两个线头。

⑨控制板与外部连接应注意:

a.控制板与外部按钮、行程开关、电源负载的连接应穿护线管,且连接线用多股软铜线。电源负载也可用橡胶电缆连接。

b.控制板或配电箱内的电器元件布局要合理,这样既便于接线和维修,又保证安全和规整美观。

(二)板后网式布线安装工艺规定

①布线工艺上,复杂的电气控制板(箱)可采用板后布线方式,一般是用专用的绝缘穿线板,由板后穿到板前,接到电气控制设备、电器元件的接线柱上。

②板后布线采用网式布线就是根据两个接线柱的位置决定自由方式走线,只要求导线拉直即可。

③从板后穿到板前部分的导线,要求线路走径横平竖直,弯成直角。导线根据设计要求软线或单股硬线均可。

④接头、接点工艺处理均按板前布线安装要求。

(三)塑料槽板布线工艺规定

①较复杂的电气控制设备还可采用塑料槽板布线,槽板应安装在控制板上,与电气控制设备、电器元件位置横平竖直。

②槽板拐弯的接合处成直角,并要结合严密。

③将主、控回路导线自由布放到槽内,将接线端的线头从槽板侧孔穿出至电气控制设备、

电器元件的线桩,布线完毕后将槽盖板扣上,槽板外的引线也要力求完美、整齐。

④导线选用应根据设备容量和设计要求,采用单股芯线或多股软芯线均可。

⑤接头、接点工艺处理均按板前布线安装要求。

(四)线束布线工艺规定

①较复杂的电力拖动控制设备,按主、控回路线路走径分别排成线束(俗称"把子线")。

②线束(把子线)中每根导线两端分别套上线路中的同一编号。

③从线束(把子线)中,行至各接线桩,均应横平竖直,弯成直角,接头、接点工艺处理均按板前布线安装的要求。

五、控制电路通电测试

1.线路检查

线路检查一般用万用表进行,先查主回路,再查控制回路,分别用万用表测量各电器与电路是否正常。

2.控制电路操作试车

上述检查无误后,检查三相电源,断开主电路的保险,经教师同意后,按一下对应的启动、停止按钮,各接触器等应有相应的动作。

3.正转试车

在控制电路操作试车后,将电源开关断开,插上保险,然后合上电源开关,按一下启动按钮,电动机应动作运转,然后按一下停止按钮,电动机应断电停车。

4.正、反转试车

在控制电路操作试车后,将电源开关断开,插上保险,然后合上电源开关,按一下启动按钮,电动机应动作运转,然后按一下反转按钮,电动机应反方向动作运转。

附:实习操作练习考核评分参考标准

1.按图装接接触器触头互锁的可逆运行控制电路考核评分标准见表8.3。

表8.3 按图装接接触器触头互锁的可逆运行控制电路评分表

姓　名		学　号		班　级		总分 (100分)	
时间定额	240 min	实际操作 时间/min		超时/min		考试日期	
考核项目	考核内容及要求		配分	评分标准		扣　分	得　分
主要项目	一、准备工作 工具、材料准备		5	准备工具、材料不齐全扣5分			
	二、元件安装 　1.制作电器板,元件布局合理 　2.元件安装正确		20	1.元件布置不合理扣5分 2.元件安装不正确每处扣5分 3.漏装接线端子板扣3分			

续表

考核项目	考核内容及要求	配分	评分标准	扣分	得分
主要项目	三、接线 1. 接线正确 2. 接线牢固,电气接触良好 3. 布线合理美观	15 15 10	1. 接线错误或接触不良,一处扣10分 2. 布线不合理扣3分,不美观扣2分 3. 漏套线号套管扣3分		
	四、试运转 1. 试运转前检查接线及电器 2. 接电源试运转,达到预定控制要求 3. 试运转步骤和方法正确	20	1. 检查接线和电器的方法不正确扣2分 2. 经两次试运转才正常工作扣5分;两次试运转仍不能正常工作扣10分 3. 试运转步骤和方法不正确扣5分		
安全文明操作	按国家规定有关法规或企业自定有关规定	5	1. 每违反一项规定从总分中扣除2分 2. 发生重大事故者取消考试资格		
操作时间	在规定时间内完成	10	超时2 min扣1分		
备注			主考人		

2. 装接复合互锁正、反转控制电路并选择元件考核评分标准见表8.4。

表8.4 装接复合互锁正、反转控制电路并选择元件评分表

姓 名		学 号		班 级		总分 (100分)	
时间定额	240 min	实际操作时间/min		超时/min		考试日期	
考核项目	考核内容及要求		配分	评分标准		扣 分	得分
主要项目	一、准备工作 工具、材料准备		5	准备工具、材料不齐全扣5分			
	二、元件选择 根据图样及电动机容量选择交流接触器、热继电器、熔断器及导线		20	元件和导线选择不当每项扣5分			

考核项目	考核内容及要求	配分	评分标准	扣 分	得分
主要项目	三、元件安装 1. 板面元件布局合理 2. 元件安装正确	10	1. 元件布置不合理扣 5 分 2. 元件安装不正确每处扣 2 分 3. 漏装接线端子板扣 3 分		
	四、接线 1. 接线正确 2. 接线牢固,电气接触良好 3. 布线合理美观	30	1. 接线错误或接触不良,一处扣 5 分 2. 布线不合理扣 6 分,不美观扣 4 分 3. 漏套线号套管扣 3 分		
	五、试运转 1. 试运转前检查接线及电器 2. 接电源试运转,达到预定控制要求 3. 试运转步骤和方法正确	20	1. 检查接线和电器的方法不正确扣 2 分 2. 经两次试运转才正常工作扣 5 分;两次试运转仍不能正常工作扣 10 分 3. 试运转步骤和方法不正确扣 5 分		
安全文明操作	按国家有关法规或企业自定有关规定	5	1. 每违反一项规定从总分中扣除 2 分 2. 发生重大事故者取消考试资格		
操作时间	在规定时间内完成	10	超时 2 min 扣 1 分		
备注			主考人		

任务四 三相异步电机常见故障检修

一、如何分析、判断电动机故障

异步电动机的故障较多,概括起来可分为电气和机械故障两部分。电气故障包括各种类型的开关、按钮、熔断器、定子绕组及启动设备等,此处定子绕组故障较多,因此一提到电动机的维修,大部分都是指绕组的修理。而机械方面的故障是指轴承、风叶、机壳、联轴器、端盖、轴承盖、转轴等。

发生故障后,必须迅速、准确地掌握故障发生的原因。这项工作复杂而又有一定的难度,因为除了造成故障的因素较多外,往往有些故障现象相似,但产生的原因却不同,容易混淆,很难得出正确的结论。因此除掌握电动机的结构、原理和性能外,还需正确使用各种检测仪表,如验电笔、万用表、兆欧表、钳形电流表等。通常情况下,检查故障的时间往往比修理的时间要长,一旦找到故障原因,排除故障就容易多了。

要能迅速而又准确地判断出产生故障的原因,首先应当熟悉各种故障的特征,然后运用电机理论针对具体情况进行分析判断,一般而言,应采取以下步骤:

①清楚了解电动机的规格、结构和使用情况,了解故障发生的原因,尤其是故障发生前后的变化,如所带的负载特点,负载的大小,电动机温升的高低和运行中有无异常现象等。这些情况都可以向使用人员直接询问。

②仔细观察电动机所发生的现象,尤其是故障后的现象,如电源电压、电流、声响、转速、振动、温升、冒烟、焦臭味等。观察方式要灵活多样,有时可以只通过三相电流的情况判断;有时不能通过电流来判断,比如没有较适宜的三相电源,或者电动机一旦通电会发生更大的事故等,这时就要将电动机全部拆开,检查内部的异常情况。

③若最初故障现象不够明显,还可以借助仪器仪表,应用电机运行理论和实践经验进行具体分析、综合判断,最后确定故障状态及损坏部位。

二、怎样确定电动机的故障

熟悉各种故障的特征,掌握电动机所表现出来的异常现象,对分析产生故障的原因,判断出故障部位是非常重要的。

为弄清楚故障的特点,首先应正确区分哪些是机械故障、哪些是电气故障。最简单的办法是将电动机接通电源试运行,若电动机接通电源运行时故障存在,断开电源后故障仍存在,显然就是机械方面的故障。如断开电源故障消失了,则应属于电气方面的故障。

电气方面的常见故障有:定子绕组短路、断路和接地以及鼠笼式转子断条或端环断裂等。这些故障有相同之处,也有不同之处,各有特征。如短路故障发生快,发热快,并伴有火花、冒烟,还可闻到焦臭味。断路故障若为定子绕组一路串联的电路,运行中的电动机仍旋转,但出力减少,电流加大,停机后将不能再启动;断路故障若为定子绕组二路并联电路,可以启动,但三相电流将严重不平衡,电动机的电磁转矩将变小。接地故障即是电动机外壳带电,用验电笔很容易查出。若鼠笼式转子断条或端环断裂,由电机理论可知,电动机电磁转矩也会变小,不能带动负载且三相电流严重不平衡,有噪声、振动等。

三、定子绕组短路故障的检查及修复

在正常情况下,导线表面都涂有绝缘层,所以线匝与线匝之间是相互绝缘的。电流只能按规定的途径一匝一匝地通过,也可以说线圈内部的各个线匝是串联的,如图8.10(a)所示。

1. 定子绕组短路故障

1)匝间短路

定子绕组相邻的两个线匝绝缘漆皮破损而相互连接在一起形成的短路称为匝间短路,如图8.10(b)所示。线匝短路后电阻减小,在闭合回路中会产生很大的短路电流,有可能超过额定电流的若干倍,将这一组线匝或几组线匝烧毁。

造成线匝之间短路的主要原因是:漆包线的漆膜太薄或存在弱点;嵌线时损伤了匝间绝缘,或抽出转子时碰破了线圈端部的漆膜;长期高温运行使线匝之间绝缘老化变质。

2）相间短路

三相绕组之间因绝缘损坏而造成的短路称为相间短路,相间短路会造成很大的短路电流,在短路处产生高热,严重时将使导线熔断。

造成相间短路的主要原因是:绕组端部的相间绝缘纸或槽内层间绝缘放置不当或尺寸偏小,形成相间绝缘的薄弱环节,被电场强行击穿而短路;线鼻子焊接处绝缘包扎得不好,裸露部分积灰受潮引起表面爬电而造成短路;低压电动机极相组连线的绝缘套管损坏,高压电动机烘卷式绝缘的端部蜡带脆裂积灰,也同样会引起相间绝缘击穿。

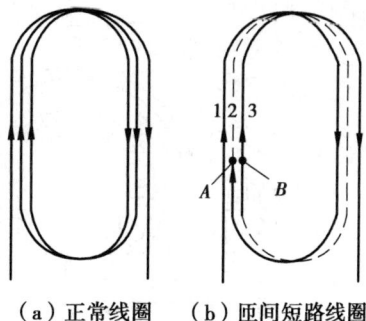

（a）正常线圈　（b）匝间短路线圈

图 8.10　正常与匝间短路线圈

2.定子绕组短路故障的检查

检查绕组线匝之间和相间短路的方法有下述几种。

①检查运行中的电动机短路故障时,当电动机停机后,迅速打开电动机,直接查看线圈烧灼焦痕、变色之处。

②让待查电动机空转一段时间后马上停机并迅速拆开电动机,直接用手摸线圈发热情况,发生短路的绕组温度较高,严重时有焦煳味。

③借助万用表或兆欧表测试。将三相绕组的头尾全部拆开,用万用表或兆欧表测量相间电阻,阻值为零或明显小的那一相为短路相。

④用电桥测直流电阻。可用双臂电桥分别测量三相绕组的直流电阻,电阻值较小的那一相为短路相。

⑤用电流平衡找短路相、用电压降落找短路极相组和短路线圈。对于星形连接的电动机,可将三相绕组并联后,通过低电压大电流的交流电(一般可用单相交流电焊机),如图 8.11(a)所示。三角形接法如图 8.11(b)所示。每相绕组应串联一只电流表,通电后记下电流表的读数,电流过大的那一相即存在短路。然后将故障相的极相组间连接线剥开,施加 50 ~ 100 V 交流电压,用万用表测量每个极相组的电压降,如图 8.12(a)所示,压降小的那一相即为匝间短路。再将该组(如 S_1 组)线圈间的连接线剥开,用同样的方法测量各线圈的电压降,如图8.12(b)所示,即可找到短路点。严重时,短路的线匝明显发黑。

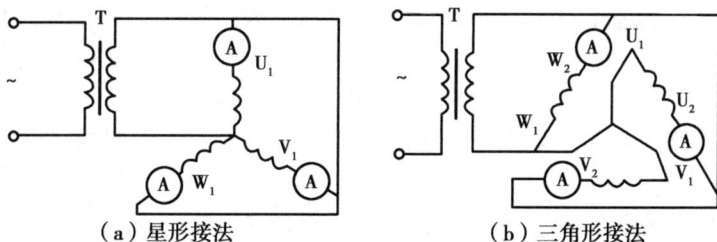

（a）星形接法　　　　　（b）三角形接法

图 8.11　电流平衡法查找短路相

⑥应用电磁感应原理的理论查找。将 12 ~ 36 V 的单相交流电通入 U 相后,分别测量 V、W 相的感应电压;然后通入 V 相,分别测量 W、U 相的感应电压;再通入 W 相,分别测量 U、V 相的感应电压。逐次记录每次测量的数值后进行比较,感应电压偏小的那一相即有短路故障。

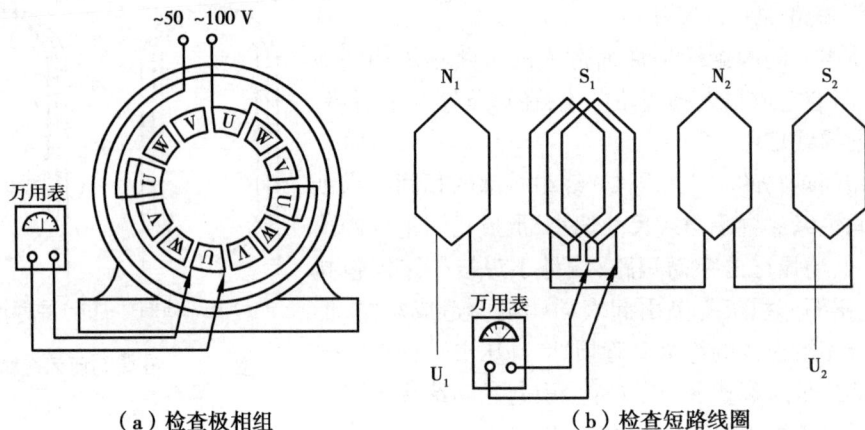

(a)检查极相组 (b)检查短路线圈

图8.12 电压降检查法

⑦用专用设备短路侦察器查找。如图8.13所示,短路侦察器1是一个铁芯线圈,检查时将其放在被测线圈2的铁芯槽口处。侦察器1的线圈接上电源后由励磁电流产生磁通Φ_1,它沿铁芯磁路闭合(如图中虚线所示)。这时侦察器的线圈相当于变压器的一次侧线圈,而被测电机的绕组线圈2相当于变压器的二次侧线圈。如果被测线圈2无短路故障,相当于变压器空载状态,侦察器线圈中的电流很小;如果线圈2是短路的,则相当于变压器的二次侧处于短路状态,侦察器线圈中的电流会变大,因此可通过侦察器线圈中的电流大小,找到电动机绕组的短路故障点。

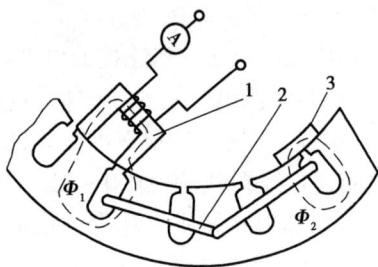

图8.13 短路侦察器检测短路点
1—侦察器;2—被测线圈;3—铁片

3.定子绕组短路故障的修复

①线圈间或匝间短路。应视短路情况而定,如果短路点在端部或在槽口处,只要将绕组加热软化垫以复合绝缘修复即可;若是线圈端部被碰伤而引起线匝之间的短路,可轻轻撬开线圈,在碰伤处刷上绝缘漆即可;如果有少数导线绝缘损坏严重,加热使绝缘物软化后,剪断坏导线端部,将其抽出铁芯槽,再用穿绕法换上相同规格的新电磁线并处理好接头即可。若电动机急需使用,也可以采用跳接法,如图8.14或图8.15所示;若整个线圈已经烧坏,那只有换新绕制的线圈了。

②线圈间短路。在短路部分垫绝缘纸或者刷绝缘漆即可。

③极相组间短路。大部分是由于连接线的绝缘套管未套好引起的。可将绕组加热软化后,重新套好绝缘套管或用复合纸隔开。

④相间短路。若短路发生在绕组端部,可将绕组加热软化后,用画线板小心撬开故障处的线包,将预先准备好的绝缘纸垫好,绑好端部,故障便排除了。

⑤如果相间短路发生在双层绕组的槽内,可能是层间绝缘未垫好或被击穿,可将绕组加热软化,拆出上层线圈,重新垫以新的层间复合绝缘纸,再将上层线圈嵌入槽内,封好槽,然后从绕组的一端浇绝缘漆,使漆沿着被修理的槽渗透到另一端,再烘干即可。

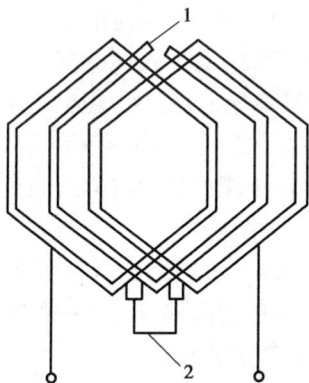

图 8.14　线圈跳接示意图
1—剪断的短路线圈;2—跳接线

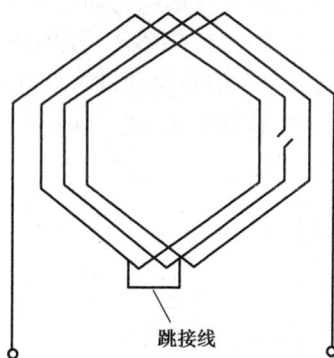

图 8.15　线匝跳接示意图

四、定子绕组接地故障的检查及修复

在正常情况下,定子绕组和铁芯之间是相互绝缘的,所以电机外壳不带电。

1. 定子绕组的接地故障

如果电动机的定子绕组绝缘损坏造成与铁芯的直接接触,就相当于与外壳接触,形成绕组接地故障。造成接地故障的原因很多,如线圈受潮、绝缘老化、绝缘强度降低等引起电击穿接地;嵌线时损坏了导线绝缘和局部槽绝缘,或槽内绝缘纸垫得不合适引起绕组接地;电动机在有腐蚀性气体的环境下工作,使绕组绝缘性能降低,引起绕组接地。另外,金属异物或有害尘埃等杂物进入电机内部,加上电机内部又有潮气和油污,也可能损坏绕组绝缘,造成接地故障。一般来说,接地处有可能在电动机运行时发生火花(弧)。且电动机外壳会不同程度地带电,容易造成人身触电。下面就电动机本身有无接地线而出现接地故障后造成的危险进行分析。

①电动机外壳没有接地线,但出现了接地故障点,如图 8.16 所示。对电动机本身由于仅有一点接地,电动机外壳又没有接地线,所以不构成电流回路,因此,电动机仍能继续运行。若不及时排除故障,如再出现一点接地,就会造成线匝之间短路或相间短路事故。若有人体接触外壳,电流会经电动机绕组接地点通过人体及大地与电源变压器构成回路,如图中虚线所示。这时人会有触电感觉,即造成人身触电事故。

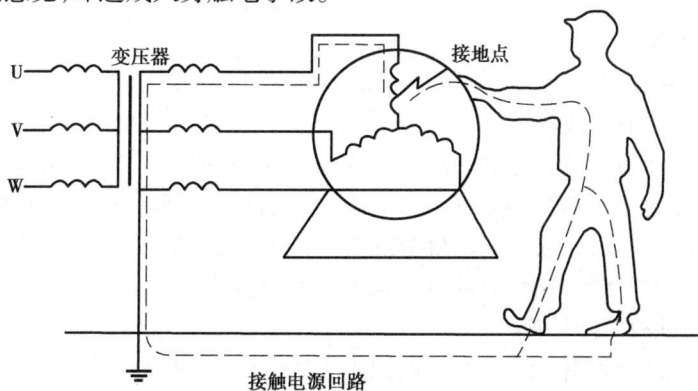

图 8.16　接地人身事故

153

②电动机外壳有接地线。如图8.17所示,虽有一处接地,但接地电流可以经电动机接地线构成回路,如图中虚线所示。这时人体触及电机外壳时,由于人体电阻远远大于接地线电阻,人体较为安全。但对电动机本身危害较大。因为接地相的绕组线圈匝数相当于减少了,该相电流增加。接地点越靠近绕组的引出线端,情况就越严重,甚至有可能烧坏绕组。

2.定子绕组接地故障的检查

1)直接观察法

一般而言,接地点最容易发生在线圈端部或与槽口接近的地方,且绝缘外表常有破损、焦黑痕迹,易于观察。

2)用检验灯检测电动机绕组接地故障

如图8.18所示,拆下电动机的接线盒上盖,

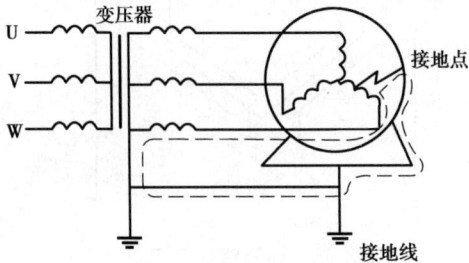

图8.17　接地电机事故

并且拆除绕组的铜质连接片将交流220 V电源中性线 N 直接和接线盒内的外壳接地螺丝(或电动机的外壳)连接;检验灯的另一根引出线依次与三相绕组的引出线首端 U_1、V_1、W_1(或尾端 U_2、V_2、W_2)3个线头触及。如果检验灯不亮,说明检验灯线头接触的绕组正常;如果检验灯亮,则说明被测绕组有接地(碰壳)故障。查出故障后,立即拆开电动机,抽出转子。用木片敲击槽口处线圈,灯光闪动时的敲击处为接地点。

图8.18　用接地灯检查绕组接地情况

3)用兆欧表检查

将兆欧表的 L 接线柱用导线与某相绕组的一端相连,E 接线柱与机壳裸露部分相连,用120 r/min 的转速摇动手柄,逐相检查对地绝缘电阻。若某相绕组绝缘电阻为 0 或 0.5 MΩ 以下,表明该相绕组有接地故障。为进一步找到故障点,可将兆欧表与被测电动机分开一定距离(但仍接在故障相上),兆欧表接线加长长度以在电动机处听不到兆欧表工作时发出的"嗡嗡"声为佳。一人操作兆欧表,一人在电动机旁静听放电声,根据发声部位寻找接地点。若在黑暗处或夜间在用兆欧表摇测的同时,有放电火花的地方为接地点。

3.定子绕组接地故障的检修

由于绕组接地故障的部位不同,接地的原因不同,检修的方法也不一样。如果接地点在线圈端部,而且烧伤并不严重时,只要在接地处垫好绝缘纸再涂绝缘漆即可,线圈不必拆除;如果接地点在铁芯槽中,可将故障线圈拆除更换新线圈;如果是整个绕组受潮,就需要将绕组适当

154

加热,浇上绝缘漆烘干即可;如果绕组是绝缘老化变质,就必须更换;如果属于多点接地,线圈损坏较严重时,也应将绕组全部拆除,更换新的;有时因槽内铁芯硅钢片有一片或几片凸起而割破线圈漆皮,这时应先把凸起处修平,再将导线割破绝缘漆皮的地方重新进行绝缘处理。

五、定子绕组断路故障的检查及修复

1.定子绕组断路故障

电动机定子绕组的引线、连接线、引出线等断开或接线松脱即形成了断路故障。断路故障分为线圈导线断路、一相断路、并绕导线中一股断路及并联支路断路等。

当定子绕组中有一相断路时,若电动机定子三相绕组是Y形连接,启动时转子将左右摇摆不能启动。如果负载运行时突然发生一相断路,电动机可继续运转,如电流增大并发出低沉声音,重载时突然发生一相断路,电动机会出现因温升过高导致的冒烟现象。若电动机定子三相绕组是△形连接,发生断相事故后仍能启动运行,但转速低、转矩变小,则为三相电流不平衡并伴有异常响声。

造成绕组断路故障的原因是多方面的,如焊接线头不牢固,过热松脱;绕组受机械力的影响、碰撞、振动等断裂;保管不善发生霉变或老鼠咬伤等;局部线圈间短路又长期运行而熔断等;对多根并绕或多支路并联组断股未及时发现,经运行一段时间后发展为一相断路;绕组内部短路或接地故障烧断导线。

2.定子绕组断路故障的检查

当电动机定子绕组发生断路故障时,可采用仪表(万用表、兆欧表等)、电桥或检验灯检查。

1)万用表(或兆欧表)

将电动机接线盒的三相绕组的头尾全部拆开,用万用表(或兆欧表)测量各相绕组,表不通的一相为断路相(用万用表的电阻挡),好的绕组每相电阻值很小。

2)电桥

用电桥测量各相直流电阻,阻值偏大的那一相可能有断股或支路断路,再分组寻找,便可查出故障线圈。

3)检查灯

首先拆开电动机的接线盒,查看被测电动机的接线,如图8.19所示。

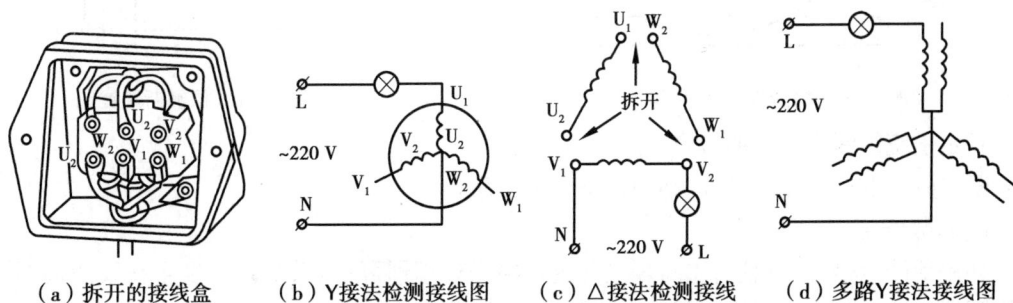

(a)拆开的接线盒　(b)Y接法检测接线图　(c)△接法检测接线　(d)多路Y接法接线图

图8.19　用检验灯检测电动机绕组断路示意图

①电机的三相绕组是Y形接线,这时线圈尾端 U_2、V_2、W_2 3个线头的连接不用拆开,将220 V电源的中性线与星形接点连接,检验灯的一根引出线线头依次与三相绕组的引出头首端

U₁、V₁、W₁ 3 个线头触及,如图 8.19(b)所示。如果检测灯亮,则说明被测绕组相正常;如果检测灯不亮,则断线故障就在被测的这一相绕组内。

②电机的三相绕组是△形接线,△形接线法电动机三相定子绕组 6 个引出线头,U_1 与 W_2、V_1 与 U_2、W_1 与 V_2 两两线头用铜质连接片连接,应拧开螺母,使每个线头悬空,如图 8.19(c)所示。将检测灯的一根出线头与交流 220 V 电源相线连接,手拿检测灯的另一根引出线头和电源中性线引出线头,分别与各相绕组的引出线首尾接触,即 U_1 与 U_2、V_1 与 V_2、W_1 与 W_2。如果检测灯不亮,则断线故障就在被测灯不亮的绕组中。

a. 当电机绕组是几条支路并联时,在检测之前,应先将每相绕组的各个并联支路的端部连接线拆开,再分别用检验灯检测各支路两端(方法同△形接线检验法),如图 8.19(d)所示。如果检验灯不亮,表示断线故障就在这一支路。

说明:用检验查找断路故障时,为方便安全起见,电源也可用干电池,灯泡可用小电珠;当电源采用 220 V 交流电源时,要注意操作安全。

b. 断路点查找。用上述任一方法确定断路相后,还需进一步找出断路点。此时要把电动机极相组接线拆开,用万用表的一根引线接 U 相首端,另一根依次与每个极相组末端相接,如图 8.20 所示,若表针摆动,说明该极相组完好,若表针不动,说明该极相组有断路。这样逐个测试,直到找出断路的极相组。找出断路的极相组后,用同样的方法测每一个线圈,如图 8.21 所示,即可找到断路点。

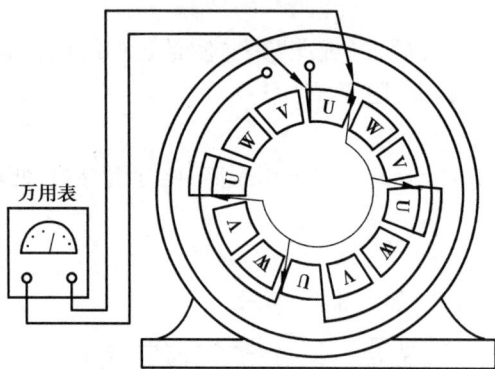

图 8.20 检查断路极相组

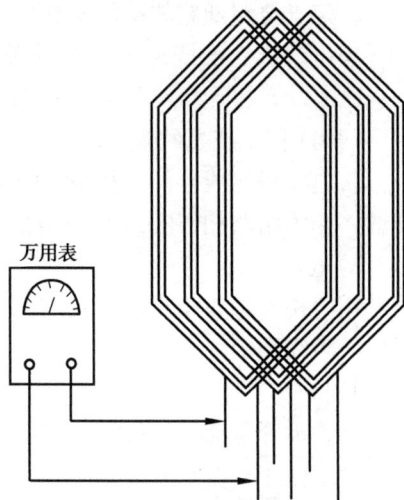

图 8.21 探测断路线圈

3. 定子绕组断路故障的检修

断路故障的修复较简单,归纳为以下 3 个方面。

1)局部修复

如果断路点是焊头松脱,重新焊接并进行绝缘处理即可;如果断路点发生在线圈端部,需将线圈适当加热软化后再进行焊接并进行绝缘处理即可;如果原导线不够长,可接上一小段相同线径的导线再焊接。

2)面层嵌线

面层嵌线是更换部分故障线圈的好方法。先将线圈加热到 110 ℃左右,对单层绕组,应迅速将损坏线圈拆除,并将原来压在故障线圈上面的那一部分绕组端部轻轻整理,留足新线圈面层嵌放的空位,将剩下的绕组整形,再换上新的槽绝缘,将新线圈嵌入槽内,刷漆、烘干即可。对双层绕组,用同样的方法拆除故障线圈,然后补充适当的槽绝缘,若故障线圈在下层,用等于定子铁芯高度的长铁片经铁芯槽口把保留的上层线圈边压到槽底,其面上留出嵌放新线圈的空位,将留下的线圈整好形后,放入新的层间绝缘,再将新线圈嵌入槽中;若故障线圈在上层,更换方法与单层绕组相似。

3)废弃故障线圈

废弃故障线圈是一种应急维修方法。即将故障线圈切除,包好两端头绝缘,将相邻两线圈跨接串联起来,事后再采取补救措施。

六、鼠笼式转子故障的检查及修复

1. 鼠笼式转子故障

鼠笼式转子分为铜笼和铝笼。铜笼用得较少,它是在鼠笼式转子铁芯的每一个槽中插入一根铜条,两端各用一个铜环焊接起来。铝笼用得较多,它是用熔化了的铝水浇铸在铁芯槽内制成,在转子两端同时浇铸短接绕组用的铝端环和冷却电机用的风扇叶片。鼠笼式转子的常见故障是断笼(笼中一根或数根断裂,或有严重气泡),或端环断裂(端环中一处或几处裂开)。产生的原因之一是制造质量差,结构设计不良,引起缩孔、砂眼、夹层等毛病,电动机运行时间稍长,就慢慢裂开。原因之二是使用条件恶劣或使用不当,如启动频繁、正反转、超载运行等,使转子绕组(鼠笼)电流过大,产生高温作用而造成断条。

鼠笼式转子故障发生后,电动机带负载能力明显下降,转速降低,定子绕组三相电流不平衡,可看到电流表指针来回摆动,同时还伴有周期性的"嗡嗡"声。一般而言,当转子绕组(导条)断裂总数约占转子总槽数的 1/7 时,电动机工作就不正常了,空载启动困难,带负载时会突然停车等。

2. 鼠笼式转子故障的检查

检查故障的方法较多,归纳为以下几种。

1)观察判断法

对于有运行经验的工作人员,可以采用直接观察进行判断。先将电机拆开,抽出转子,仔细查看转子铁芯表面,特别是在转子绕组(端环)与转子绕组直线部分(导条)交接处,如发现有裂纹或过热、变色迹象,就是转子发生断路故障的地方。

2)用电流表测试法

将定子绕组通过调压器接到低压电源上,电压值约为额定值的 10%(使转子不能转动,定子电流约为额定值)。用手缓慢转动转子,若转子绕组(导条)正常,定子三相电流基本上稳定不变,仅有轻微摆动;假如转子有断裂,电流表指针将产生幅度较大的周期性摆动。这种方法简单易行,但灵敏度不高,有时会因电机气隙不均,磁路不对称而引起错误判断,且不能准确找出故障点。

3)铁粉检查法

利用磁场能吸引铁磁物质的性质,用电焊机从转子两端环中通入低压大电流,流过每根转子绕组(铝条)的电流便在其周围产生磁场,将铁粉撒在转子表面,若铁粉沿转子铁芯槽均匀、整齐地直线排列,如图 8.22 所示,则说明转子绕组没有故障。若某一导条周围没有铁粉,则说明转子绕组有断路点,该绕组电流为零,周围没有磁场。

4)短路侦察法

短路侦察法主要通过短路侦察器实现。

短路侦查器由硅钢片叠压的开放型铁芯和激磁绕组构成,激磁绕组相当于变压器的原边。使用时最好让短路侦查器与电流表配合,如图8.23所示。将转子从定子内腔取出,将短路侦查器接在220 V交流电压表上,并传入一块电流表,将铁芯开口放在转子铁芯槽口上,并以此在转子铁芯表面上移动巡查。好的转子由于转子绕组(导条)是通过两个端环短接的,所以电流表的指示正常,数值基本不变。当沿转子表面圆周移动侦查器时,发现电流表的指示突然下降,表明该处转子绕组(导条)有断路点。测试过程中要注意移动侦查器是保持与转子铁芯的接触程度一致,以便分析比较。如果没有电流表,可以找一个薄金属片(如断锯条),在短路侦查器跨接的铁芯槽另一端放薄金属片,如果转子绕组(笼条)完好,薄金属片在短路侦查器磁场作用下发生振动,则说明该铁芯槽内笼条断裂。

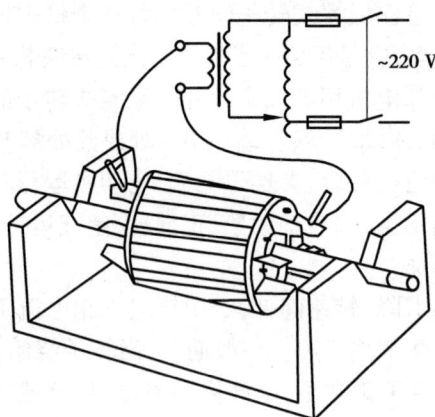

图8.22 转子断条的铁粉检查法	图8.23 用侦察器检查转子故障 1—侦察器;2—转子

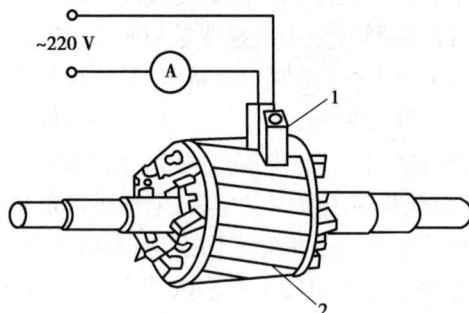

3.鼠笼式转子故障的修复

鼠笼转子故障的修理较困难,其修理方法有下述几种。

1)更换转子

最好的办法是与厂商联系,更换同一规格的新转子。若由于生产急需,也可采用临时性的补救办法。

2)局部补焊

若断条少,断裂处在外表面,可进行补焊。在笼条或端环的裂口两边用尖凿子剔出坡口或梯形槽,将转子有喷灯或氧炔焰加热到450 ℃左右,用气焊法进行补焊。焊条配方为:锡63%,锌33%,铝4%。补焊完毕将多余焊料车去或铲去。

3)冷接法

在裂口处用一只与转子铁芯槽槽宽相近的钻头钻孔,并攻丝,然后拧入一只能与之配合的铝螺丝,再用车床或铲刀除掉螺丝的多余的部分。如果鼠笼条断裂严重,裂纹或裂口较大,只拧入一颗螺钉还不能接好,可用尖凿在裂口处凿一矩形槽,再用一块形状、体积与矩形槽相似,尺寸稍大的铝块强行压入矩形槽里,并在铝块两端与原笼结合的地方钻孔攻丝,拧入铝质螺丝并除去多余部分即可。

4)换笼

如果电动机工作重要且断条严重,又不能更换新的转子时,可将原铝质鼠笼熔掉,换上铜质鼠笼。熔掉铝质鼠笼的办法是将原有的端环用车床车去,用夹具夹住转子铁芯,浸入浓度为60%的工业烧碱溶液中,经过6~7 h,可以将铝条腐烂掉(若将烧碱溶液加热到80~90 ℃,腐蚀速度更快)。铝熔化后的转子立即用水冲洗,在投入0.25%的冰醋酸溶液中煮沸15 min左右,以中和残碱,再用水煮沸1~2 h取出洗净并烘干。

熔铝后,将占转子铁芯槽截面积70%的紫铜条插入槽内并塞紧,把两端铜环焊牢构成新的鼠笼。最后还需车削加工。此法较复杂,且需专用工具,技术性较强,应在电机修理厂进行。

七、机械故障的检查及修复

电动机的机械故障发生率不高,因为结构简单耐用。若由于安装搬运及维护不当也可能发生故障。最常见的有轴承故障;转子裂纹、弯曲、轴颈磨损;机座或端盖的破损、裂纹;风扇断叶;铁芯片与片之间短路等。

1.轴承的故障检查及修复

常见的轴承故障有轴承内圈或外圈出现裂纹,滚珠有破碎,滚珠之间的支架断裂,轴承变色退火,滚道有划痕或锈蚀等。

轴承发生故障不但本身发热,而且影响电动机的运行性能,如使气隙不均匀,磁场不平衡等。检查的方法主要是看和听。看,就是查看发热情况及运转情况,可用手触及电动机油盖,如发现温度很高,手不能长时间接触,就说明电动机有问题,轴承可能损坏,应打开检修。听,就是听轴承运转的声音,如图8.24所示用螺丝刀的一端触及轴承盖,另一端贴到耳朵上,如果听到的是均匀的"沙沙"声,则轴承运转正常;如果听到的是"咝咝"的金属碰撞声,可能是缺油;如果听到的是"咕噜、咕噜"的冲击声,可能是轴承有滚珠被轧碎。

图8.24　用螺丝刀察听轴承声音

轴承故障的修复按其故障的原因不同可采取不同的处理方法,如更换轴承、添加新的润滑油、重新装配等。

2.机座、端盖故障及修复

目前生产的三相异步电动机机座和前后端盖等,大部分为铸铁件,若使用、搬运、拆装不慎,就可能产生裂缝、破损等。

①对于定子外壳产生的纵向或横向裂缝,只要长度不超过相应长度或宽度的50%,可以进行补焊。对于铸铁外壳可用铸铁焊条并将外壳预热700 ℃左右。最好用直流电焊机焊接。

②对于端盖的裂缝,也应当用铸铁焊条热焊。

3.转轴故障及修复

电动机的转轴是用来支撑转子铁芯旋转,并保持定子与转子之间有适当的均匀气隙。电动机转轴的常见故障有弯曲、轴裂纹、轴颈磨损等。

1)转轴弯曲

转轴弯曲使转子失去动平衡,运转时产生较大的振动,严重时引起转子扫膛。轴的弯曲可以在电动机旋转时通过观察它的轴伸端跳动状况来分辨,不弯曲的轴不跳动,弯曲较严重的,跳动也严重。一般来说,轴有很小的弯曲是允许的。如果弯曲超过 0.2 mm 时,应进行校正。

2)转轴断裂

转轴断裂一般都应更换新轴。如只是出现裂纹,其深度又未超过轴颈的 10% ~ 15%,长度不超过轴长的 10%,可用堆焊修复。

3)轴颈磨损

轴颈磨损将使转子偏移,增加电动机的异常振动,严重时造成转子扫膛。若磨损不太严重,可在轴颈上镀一层铬;若磨损严重,可用热套法修复。

4. 铁芯故障及修复

铁芯常见故障是齿端沿轴向外胀,铁芯过热,局部烧损及整体松动等。铁芯构成电机的磁路,其出现故障将直接影响电动机的运行性能,要针对一些具体故障情况,采取相应的措施处理。

1)铁芯表面损伤

首先将硅钢片用扁挫挫掉毛刺修理平整,将连接的硅钢片分开,用汽油刷子洗净表面后,涂一层绝缘漆。

2)铁芯松动

可在机壳上另加定位螺钉将铁芯固定,或用电焊焊接牢固。

3)铁芯过热

由于片间漆膜老化或脱落而失去绝缘作用,是涡流损耗增大而造成的。是否需要修理,应经温升试验后决定。注意拆散硅钢片时,必须对好定位孔,保持原来的顺序。将需要刷绝缘漆的硅钢片去毛刺,用汽油洗净并烘干,然后在硅钢片两面涂绝缘漆,烘干后便可重新组装。

4)齿根烧断

由接地故障引起的少量齿根烧断,可将烧断的齿根去掉,清除毛刺,填绝缘胶。注意不要损坏绕组。

说明:部分人在维修电机时图省事,将带线圈的定子铁芯放在火中烧,为的是将带绝缘漆膜的硬线圈外部绝缘烧掉,能方便地将裸铜线由铁芯槽中抽出。但火烧会将铁芯片与片之间的绝缘烧坏,还容易变形,所以拆除电机绕组时不能直接放在火中烧,以免损伤铁芯,影响电动机的运行性能。

八、绝缘电阻偏低的处理

1. 绝缘电阻偏低的原因

若每相绕组对地的绝缘或相与相之间的绝缘大于 0 而低于合格值,就是绝缘电阻偏低了。若不及时处理继续通电运行,很可能绝缘被击穿。绝缘电阻的合格值,对额定电压在 1 kV 及以下的电动机,应在 0.5 MΩ 以上。一般绝缘电阻偏低的原因有以下几个方面:

1)绕组绝缘老化

由于电动机长时间运行,受电磁力和温升的影响,使主绝缘出现龟裂、分层、松脆等轻度老化,或制造厂家绝缘未处理好,经使用后,绝缘状况变得更差。

2)绝缘存在薄弱环节

维修电动机时所用绝缘材料质量较差,维修人员技术不熟练,在嵌线或绕组整形时人为损伤绝缘等,使整机或其中某一相绝缘电阻偏低。

3)绕组受潮

此情况在用来灌溉的电动机中较多见,由于电动机较长时间停用,或储存不当,使电机受周围潮湿空气、雨水、腐蚀性气体等侵蚀,引起绝缘电阻下降。

2. 绝缘电阻偏低的检查和绕组干燥处理

电阻的检查用兆欧表测量,关于仪表的选择和测试方法前面已做过介绍,不再赘述。

对于绕组受潮引起的绝缘电阻偏低,一般进行干燥处理即可。对于绝缘轻度老化或存在薄弱环节的绕组,干燥后还要再进行一次浸漆和烘干。常用的方法有以下几种。

1)利用烘箱(或烘房)干燥

这种方法比较简单,适合于任何受潮程度的电动机。烘箱可用铁皮焊接而成,烘房可用耐火砖砌成,只要将受潮的电动机放入烘箱内,温度由低到高逐渐调节到100 ℃左右,就可进行连续烘干。

2)利用灯泡干燥

使用于维修小型轻度受潮的电动机,将待维修电动机置于两个灯泡之间(最好用红外线灯泡)。为保证烘烤质量,灯泡功率按 5 kW/m³ 考虑,烘烤时应留排气孔排除潮气,并用温度计监视烘烤温度,可用改变灯泡大小、数量或距离来改变烘烤温度。

3)利用热风干燥

用红砖砌成夹层干燥室,夹层中填上石棉粉等隔热材料,利用鼓风机将电热丝产生的热量变成热风,吹拂电动机,将潮气带走。用改变电热丝的接法或数量来调节温度,利用风道阀门调节风量。

九、绕组接线错误的检查

1. 绕组接线错误

1)绕组接线错误、极相组或个别线圈接错

这种错误多出现在初学维修电动机阶段,在更换绕组时忽略而造成。如少数线圈接反或虽然接线正确,但线圈嵌反了;少极数电动机的极相组接错。

2)引出线首末端接反

这种情况多在换接电源线时,由于工作不慎,线头标记错误或不清,使其中一相首末端接反。

电动机定子绕组接错后,将造成电动机启动困难,转速低,振动大,响声大,三相电流严重不平衡,严重时将三相绕组烧毁。所以在进行定子绕组嵌线时,应将首末端做好标记,避免接错,如一旦错接也便于查找。

2. 绕组接线错误的检查

当发现绕组接线错误的现象时,应首先检查三相绕组首末端及其连接是否正确,其次再检查极相组及其连接。

绕组首末端的检查如下所述。

①用干电池和万用表判别首末端。

a. 先用万用表的欧姆挡把三相绕组分开。即将万用表调到低电阻挡，根据电阻大小可分清哪两个线头属于同一相(同一相的电阻值很小)。

b. 判别出其中两相绕组的首末端。将万用表调到毫安挡，再将任意一相绕组的两个线圈接到表上，并指定接万用表的端钮"＋"端的为该相绕组的首端 U_1，接在万用表的端钮"－"端的为尾端 U_2，然后将第二相绕组的两个线端头分别接干电池的"＋"和"－"极，如图 8.25 所示。若干电池接通瞬间，表针正转(向大于零的一边摆动)，则与电池"－"极接的一个线端头为第二相绕组的尾端 V_2；若表针反转，则第二相绕组的首、末端与上述相反。

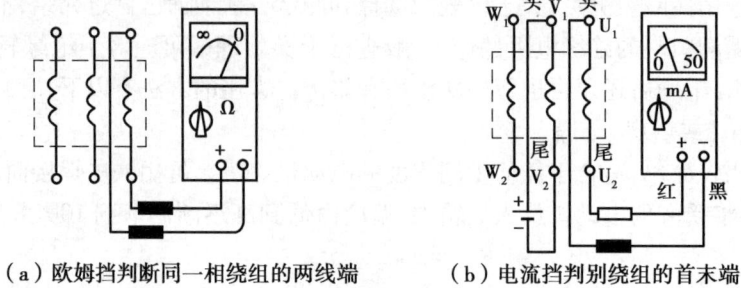

（a）欧姆挡判断同一相绕组的两线端　　（b）电流挡判别绕组的首末端

图 8.25　用电池和万用表判别绕组的首位端

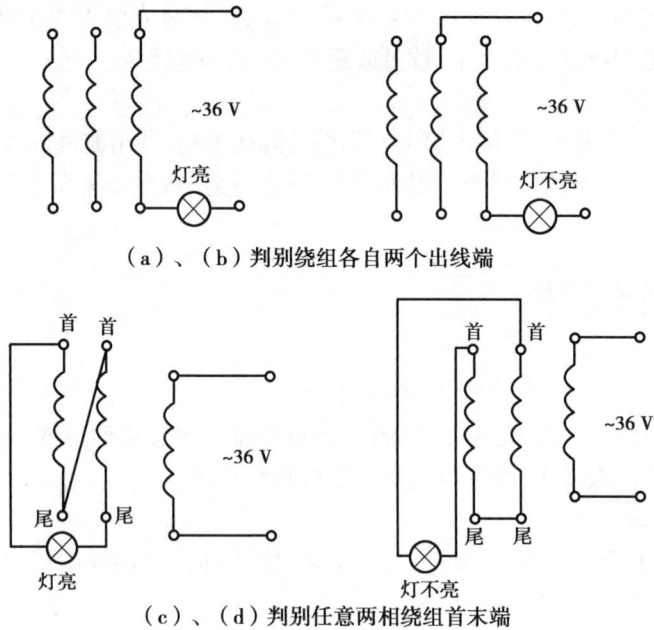

（a）、（b）判别绕组各自两个出线端

（c）、（d）判别任意两相绕组首末端

图 8.26　用 36 V 低压电源和灯泡判别绕组首末端

c. 判别第三相绕组的首末端。万用表所接的这相绕组不动，将第三相绕组的两个线端头去接干电池的"＋"极和"－"极，用上述的方法即可判别出第三相绕组的首幕端。

这种用干电池判别电动机定子绕组首末端的方法，是利用变压器的电磁感应原理。判别法的要点是注意观察电池接通瞬间的表针偏转的方向。

②用 36 V 低压电源和灯泡判别首末端。应用此法需抽出转子。

a.先判别三相绕组各自两个出线端头。将三相绕组任意两个出线端头串接灯泡后,接通36 V低压电源,若灯泡亮,则这两个线端头属于同一相,如图8.26(a)所示;若灯泡不亮,则这两个线端头不属于同一相绕组,如图8.26(b)所示。

b.判别任意两相绕组的首末端。将任意两相绕组串联,并接上灯泡,将第三相绕组的两个出线端接通36 V低压电源,若灯泡亮了,则与灯泡相连的两个出线端头,一个是首端,另一个是第二相绕组的末端,做好首末端标记,如图8.26(c)所示;若灯泡不亮,则与灯泡相连的两个出线端头分别为这两相绕组的首(或末)端,如图8.26(d)所示。

c.判别第三相绕组的首末端。把已知首末端的第一相(或第二相)绕组与第三相绕组串联,用上述方法即可判别出第三相绕组的首末端。

③磁法判别电动机定子绕组的首末端。应用此法要求转子中必须有剩磁,即必须是运转过的电动机。剩磁判别法的接线如图8.27所示。

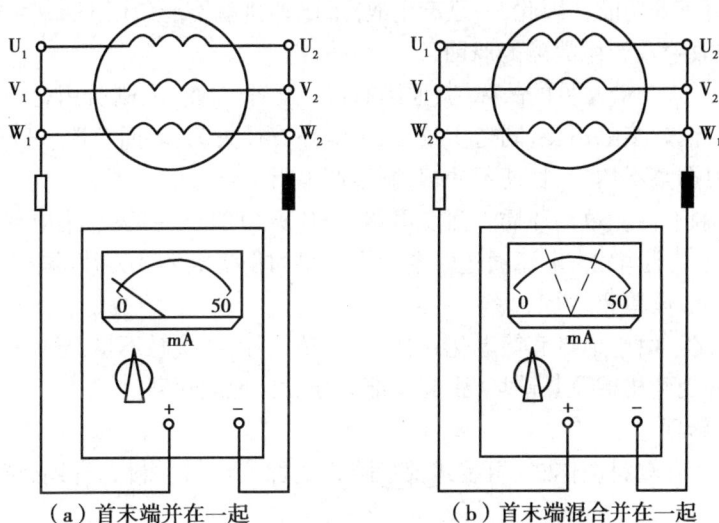

（a）首末端并在一起　　　　　（b）首末端混合并在一起

图8.27　用磁剩法判别定子绕组首末端

a.首先把万用表调到低电阻挡,把三相绕组分开。

b.将万用表的转换开关扳到直流毫安挡,并将电动机的三相绕组并联在一起,然后用手转动电动机的转子,若万用表的表针不动,则说明是3个首端(U_1、V_1、W_1)并在一起,3个末端(U_2、V_2、W_2)并在一起,如图8.25(a)所示。如果表针摆动,则说明不是首端相并和末端相并,如图8.25(b)所示。这时,应逐相分别对调后重新实验,直到万用表表针不动为止。

十、绕线式转子的故障和局部检修

1.绕组的故障与检修

绕组式异步电动机转子绕组和定子绕组基本上是一样的,也是三相对称绕组。这种三相绕组通常接成星形,把3个尾端分别与套在机轴上的3个互相绝缘的滑环相连接。这种转子绕组的故障也与定子绕组相似,会发生绝缘电阻偏低、接地、短路、断路。其原因及检修方法也与定子绕组差不多,在此不再赘述。

注意:由于定子绕组是在旋转状态下工作,对它的绝缘要求要高些。为保证绕组的绝缘质量,局部修理后应按有关标准做耐压试验。

2. 并头套的补焊

绕线型转子绕组的并头套脱焊是一种常见故障,其原因主要是焊接时清理工作做得不够,或者焊得不透,造成并头套脱焊。并头套脱焊若肉眼观察不能确定时,可用电桥测量相间电阻,找出阻值偏大的一相或两相,并使电桥准确指零,然后用较软的木板逐个撬此一相或两相的并头套,同时观察电桥指针,若撬动某一个并头套时指针偏离零位,就表示该并头套接触不良。

找出脱焊的并头套后,可采用锡焊料进行补焊。对于运行温度较高的转子,可改用银铜焊料。对于集电环装设在内腔或在粉尘较多环境下工作的电动机,可在并头套表面刷绝缘漆或用绝缘带包扎,以减少或防止并头套短路事故。

3. 集电环的故障和检修

集电环是绕线转子特有的部件,主要作用是通过电刷将绕组与外电路相连接,以完成启动、运行、制动、调速等功能。因此,一旦产生故障,电动机就不能使用。

1)集电环的故障及产生故障的原因

①电刷冒火。这是最常见的故障,其原因有以下3个方面:电刷所用材质不良,内部含有硬质颗粒,刷块与铜辫接触不良,制造质量差;集电环直径失圆,环面粗糙、斑痕及凹凸不平;电刷选择不当,压力调整不均匀,长期不清扫,刷架调整得不够好。

②短路环接触不良。短路环插入深度不够,刀片夹力偏小,引线与集电环焊接不好,导电杆螺母松动等接触电阻增大,电流通过时会产生高温灼伤集电环及刀片,同时使转子三相阻抗不平衡,严重时将造成单相运行。

③接地或短路。由于绝缘套筒老化、集电环松动、引出线接触不良、导电杆绝缘套损坏、刷握移位等,使绝缘受到机械及热破坏,引起局部击穿而接地或短路。

2)集电环的修理

常用的集电环有塑料整体式、组装式及紧圈式3种。环的材料有青铜、黄铜、低碳钢及合金等。

集电环发生松动、接地、短路及引线接触不良等故障时,一般经局部检修便可修复。当环面上有斑点、刷痕、凹凸不平烧伤、失圆及剥离等缺陷时,可进行一般修理或旋修,如损坏比较严重时,应进行更新。

①局部修理。当发现集电环接地或短路时,清除环间的炭末及积灰,短路故障一般就排除了。如短路仍存在,对组装式集电环,可将导电杆拆下,若短路故障消失,说明短路是导电杆绝缘损坏引起的,要逐根检查导电杆绝缘,将损坏处修复。如拆下导电杆后故障仍存在,可进一步检查绝缘套与环内径的接触面有无破裂烧焦痕迹,然后清除破裂和烧焦的痕迹,并适当挖大,摇测绝缘电阻合格后,注入环氧树脂填平。

②一般修理。集电环的表面轻微损伤,如斑点、刷痕、轻度磨损等,先用扁锉或油石在转动下研磨,待伤痕消除后,用砂纸在高速下抛光,使表面达到规定的光洁度便可恢复使用。

③旋修。当集电环失圆、表面有槽沟、烧伤及凹凸较严重时,应将转子放到车床上进行旋修。然后抛光,使环面达到规定的光洁度。

④更换。对塑料整体式集电环,由于配方及模具比较复杂,修理现场一般无条件制作,可购买新的产品更换或改装成组装式集电环。对组装式集电环的更换,主要更换环、绝缘、绑带及导电杆。

参考文献

[1] 杨金桃. 高级电工技能训练[M]. 2版. 北京:中国电力出版社,2016.

[2] 金曾续. 电动机常见故障修理[M]. 北京:中国电力出版社,2003.

[3] 盛国林. 电气安装与调试技术[M]. 北京:中国电力出版社,2005.

[4] 陈家斌. 怎样维修电气设备[M]. 北京:中国电力出版社,2005.

[5] 徐建俊. 电工考工实训教程[M]. 北京:清华大学出版社,北京交通大学出版社,2005.

[6] 杨亚平. 电工技能与实训[M]. 4版. 北京:电子工业出版社,2016.

[7] 廖少鹏,揭锡富. 低压电工技能训练教程[M]. 2版. 北京:世界图书出版公司,2018.

[8] 仇超. 电工实训[M]. 北京:北京理工大学出版社,2010.

[9] 周卫星,米彩霞,樊新军. 电工工艺实习[M]. 北京:中国电力出版社,2006.